그대로 따라 하면 식비가 줄어드는

기적의 집밥책

그대로 따라 하면 식비가 줄어드는

기적의 집밥책

김해진 지음

"유기농 재료로 만드는
알뜰하고 맛있는 집밥 공식"

주위에서는 요리하는 저를 보며 종종 "엄마 요리 솜씨가 좋으신가 봐" "어렸을 때부터 보고 자랐나 봐" 하고 이야기합니다. 하지만 어릴 적 외할머니가 편찮으시고부터 따뜻한 밥에 관한 추억은 많지 않습니다. 성인이 되고도 외식, 배달, 라면, 패스트푸드, 인스턴트식품 등을 자주 먹었지요.

살림의 시옷 자도 모르던 초보 주부 시절, 저는 늘 가족들을 위해 정성스럽게 식사를 준비하시는 시어머님께 많은 것을 배웠습니다. 요리와 살림은 물론이고 결혼 생활에도 조언을 구하는 든든한 인생 선배님이지요. 주말에 시댁에 갈 때면 요리하시는 어머님을 어깨너머로 보며 레시피를 여쭤보곤 집으로 돌아와서 따라 했어요. 어떤 날은 실패해서 음식을 다 버리기도 하고, 가족들의 젓가락이 닿지 않기도 했습니다. 그렇게 1년, 2년, 3년…… 주부로서 엄마로서 아내로서 여러 시행착오를 겪으며 경험이 쌓였고 지금까지 오게 되었습니다.

　저에겐 세 명의 사랑스러운 아이들이 있습니다. 결혼 후 식습관을 바꾸며 눈에 띄게 건강해진 저는 아이들에게도 좋은 식습관을 만들어주고 싶었습니다. 먹는 즐거움을 알려주기 위해 아이들과 함께 요리하고, 다양한 조리법을 활용해 식사를 준비했지요. 그러다 인스타그램이 인기를 끌면서 '나도 한번 해볼까?' 하는 가벼운 마음으로 아이들의 밥상을 기록하기 시작했습니다. 처음엔 음식만 기록했지만, 나중엔 장바구니 내역, 지출한 식비 등을 같이 올렸어요.

　그런데 많은 분이 장은 어디서 보는지, 식비 관리는 어떻게 하는지, 레시피가 무엇인지 등등 질문을 하기 시작했습니다. 초보 주부였던 제가 시어머님께 이것저것 여쭤봤던 것처럼 말이지요. 많은 고민 끝에 찾아낸 아이들이 좋아할 만한 메뉴와 식비를 절약하기 위한 방법이 다른 사람들에게도 도움이 될 수 있다는 것을 깨달았습니다.

언젠가는 책에 담고 싶다고 생각했는데 고물가 시대에 많은 관심을 받으면서 생각보다 일찍 제 꿈을 이루게 되었습니다. 이 책에 '5인 가족 한 달 식비 40만 원'을 이뤄낸 저의 비결을 아낌없이 담았습니다. 무작정 싼 재료를 이용해 돈을 아끼는 방법이 아니라, 유기농 재료로 건강하고 맛있는 밥상을 만드는 법을 소개합니다. 수록된 160가지 레시피는 제가 실제로 집에서 활용하는 메뉴들이고, 아이들이 편식 없이 먹을 수 있으면서 많은 힘을 들이지 않고 만들 수 있는 메뉴로 구성했습니다. 또, 가성비 좋은 식재료를 이용한 메뉴, 남는 재료 없이 알뜰하게 먹을 수 있는 메뉴들을 담았습니다.

육아와 살림에 지쳐도 '나'를 잊지 않고 돌볼 수 있도록, 이 책이 힘든 식사 준비에 조금이나마 도움이 되었으면 좋겠습니다. 어느덧 저도 13년 차 주부가 되었지만, 앞으로 걸어갈 날이 많이 남았네요. 사랑하는 가족에게 감사를 전합니다. 그리고 한 가족의 밥상을 책임지는 세상의 모든 엄마를 응원합니다.

김해진

차례

1개월 밥상 차리기

2개월 밥상 차리기

3개월 밥상 차리기

준비하기

식비 절약 시작하기

식비 절약은 가장 안전한 재테크

저는 학생이었을 때부터 아르바이트를 했고 용돈 관리를 스스로 했기 때문에 늘 용돈기입장을 썼습니다. 그 습관이 이어져 결혼 후에도 가계부를 쓰기 시작했지요. 하지만 어느 순간부터 가계부를 쓰는 게 스트레스로 다가오더군요. 남편과 저는 둘 다 20대 때 결혼했고 바로 첫째가 태어났습니다. 외벌이였기에 매달 수입에서 남는 돈이 없었습니다. 어린 시절부터 돈 모으는 재미를 알고 있던 저는 뭔가 조치가 필요하다고 생각했어요. 남편에게 가계 기록과 관리를 맡기고 식비만 받아서 생활하기 시작했습니다. 그렇게 쭉 매달 식비만 남편에게 받아 몇 년을 지냈어요. 나름 절약하며 잘 지냈다고 생각하지만 생각해보면 계획 없는 절약이었습니다. 그러다 우연히 넣은 청약이 당첨되며 변화의 필요성을 느꼈습니다. 준비가 하나도 되어 있지 않았기 때문입니다. 그동안 기록하는 것에 그쳤던 우리 집 가계부에는 뚜렷한 계획과 목표가 생겼습니다.

저축하기 위해서는 변동 지출을 줄여야 했고 그중에서 제일 먼저 줄일 수 있는 건 식비였어요. 먼저 5인 가족이 되고 나서 코로나 이후 한 달에 식비를 약 50~60만 원 정도 지출하고 있다는 걸 파악했습니다. 조금씩 줄이는 것을 목표로 했고 현재 한 달 식비 40만 원을 지출하고 있어요. 식비 절약이야말로 가장 안전한 재테크입니다. 저는 한 달에 10~20만 원의 식비를 줄였지만 원래 식비로 큰 비용을 쓰던 팔로워분들 중에는 한 달에 50~100만 원 가까이 줄인 분도 있습니다. 이렇게 절약한 금액은 1년치가 쌓이면 큰 금액이 됩니다. 가계부를 작성하면서 불필요한 지출을 막고 작은 것부터 아끼다 보면 절약하는 습관이 몸에 배어 똑똑한 소비를 할 수 있어요. 무조건 안 먹고 아끼는 절약이 아닌 현명한 소비로 이어지는 절약을 할 수 있습니다. 또 정말 필요할 때 잘 쓰기 위한 절약을 할 수 있지요. 식비 절약은 풍요로운 삶을 향해 앞으로 나아갈 수 있는 안전한 디딤돌이 되어줍니다.

먼저, 우리 가족의 한 달 식비를 파악해요!

식비 절약을 위해서는 현재 우리 가족이 한 달에 식비로 얼마를 지출하고 있는지 파악해야 합니다. 생각보다 많은 사람이 식비로 얼마를 지출하고 있는지 모릅니다. 대부분 이런 경우 신용카드로 결제하고 월급이 들어오면 카드값을 냅니다. 그러고 나면 남는 돈이 없다고 이야기합니다. 이 말은 무분별하게 지출하고 있다는 뜻입니다. 나의 소비 흐름을 파악해야 불필요한 지출을 찾아서 줄일 수 있어요.

식비를 줄여야겠다고 다짐했다면 일단 3개월 동안 사용하는 식비를 기록해보세요. 마트를 너무 자주 가진 않는지, 계획 없이 장보기를 하고 있진 않은지, 습관처럼 아이들에게 군것질거리를 사주진 않는지 등을 살펴봅니다. 식비를 기록하는 것만으로도 낭비하는 부분을 인지할 수 있고 해당 부분의 소비를 줄일 수 있습니다. 3개월 동안 지출한 식비를 기록하여 우리 가족의 한 달 식비를 파악했다면 그다음에는 불필요한 지출을 표시하고 줄일 수 있는 목표 금액을 정합니다. 목표를 달성하면 점차 금액을 높입니다. 예를 들어 5만 원 줄이기를 성공하면 다음 달에는 10만 원을 목표로 합니다. 또 성공하면 20만 원을 목표로 합니다. 이렇게 식비를 점차 줄여가다 보면 우리 가족의 최종 한 달 식비가 정해집니다. 우리 가족은 아빠, 엄마와 13살, 11살, 5살 아이들로 이루어진 5인 가족입니다. 2020년부터 한 달 식비 40만 원 살기를 하고 있어요. 40만 원이 넘는 달도 안 넘는 달도 있지만 평균으로 40만 원의 식비 지출을 유지하고 있습니다.

우리 집 냉장고 속 정리하기

식비를 절약하기 위해서는 '냉장고 파먹기'가 필수입니다. 냉장고 파먹기란 냉장고에 있던 식재료를 사용해 식사하는 것을 말해요. 이때 핵심은 식재료를 모두 소진할 때까지 장보기를 하지 않거나, 꼭 필요한 재료만 추가로 구매하는 최소한의 장보기를 해야 한다는 것입니다. 냉장고 안의 재료를 다 비우고 난 뒤에 다시 채우는 것을 목표로 하는 것이지요. 냉장고 파먹기를 하려면 먼저 냉장고 정리부터 시작해야겠지요?

　냉장실은 식재료를 분류하여 정리하는 것이 좋습니다. 예를 들어 맨 윗 칸에는 가끔 꺼내는 양념, 가운데 칸에는 반찬이나 먹고 남은 음식, 마지막 칸에는 빠르게 소진해야 하는 식재료 등 나만의 기준을 만들어 분류합니다. 냉장실은 냉기가 잘 순환되도록 70% 정도만 채워 여유 공간을 두고 유지하면 전기세 절약에도 도움이 됩니다.

　냉동실의 내용물이 보이지 않는 재료들은 투명한 용기나 비닐에 옮겨 담으면 그때그때 소진하기 쉽습니다. 냉장실과 달리 냉동실은 가득 채워야 효율을 높일 수 있어요. 냉장고를 정리하면서 남은 식재료를 파악했다면 이제 본격적으로 식비를 절약하는 일주일 루틴을 시작할 수 있습니다.

일주일 식단과 예산안 짜기

냉장고 지도란?

냉장고 안을 들여다보면 언제 사둔 것인지 모를 식재료와 먹고 남은 음식, 정체모를 검은 봉지로 가득하지 않나요? 저도 살림을 모르던 초보 주부 시절에는 그랬습니다. 하지만 있는 재료를 활용하지 못하고 계속 새로운 재료로 냉장고를 채우다 보면 결국 낭비로 이어질 수밖에 없어요.

냉장고 지도는 여러 시행착오를 겪은 뒤에 자리 잡은 저의 오래된 루틴입니다. 우리 집 냉장고에는 몇 년째 냉장고 지도가 붙어 있어요. 냉장고 지도란 냉장고 안에 있는 식재료를 적어두는 메모판입니다. 제가 냉장고 지도를 사용하게 된 이유는 한눈에 식재료 파악이 가능해 냉장고 문을 자주 열어 확인할 필요가 없고, 남은 재료의 유통기한을 넘겨 썩히지 않도록 도와주기 때문입니다. 저는 냉장고 지도를 사

냉장고 지도 | Everyday Home Meal

〈냉동〉
떡국 건해소 연치 ○
마끼밥이 ○○○○ 미역

도토묵
김치만두
떡꼬치
김밥김

또띠아
✓고른졸라치즈
피자치즈

〈실온〉
미역

슐케티면
부침가루

모쯔
양파 마늘 파-
생표
당근 양파
파프리카 오이

사과 골드키위 방울토마토

〈상비〉
검은콩   찹쌀
교초간장아찌
갓김치 열무김치 배추김치

CART LIST
미나리 콜라비 콩나물 부추 표고 양따
숙주 표고 닭가슴산 날고도

10시 첫끼
2시 햔끼
6시 저녁식사

MON 21	사과 스콘	새우튀김 콩나물무침 달걀찜
TUE 22	꼬마깸밥 +토마토	수묵 부추무침 부추전, 해고스틱
WED 23 요게트만들기	단호복숙무역밥 +사과	묘어채도밥 너묘콩장 미나리전
THU 24	요거트 +파인 그래놀라	치킨데이콘 달콜라피
FRI 25 아번에독독	아린치니 (+채고,치즈)	깍두맵음밥 OR 냉파하기
SAT 26	캠핑	심향(채유,떡호,순경 호배,새우)+묵이 아침
SUN 27		건박 안주 황태채 그고

용하면서부터 남은 재료를 썩혀 버리는 일이 없어졌어요. 매주 일요일 저녁이 되면 냉장고에 남은 재료들을 체크해 냉장고 지도에 적습니다. 냉장실, 냉동실은 물론 실온의 재료들까지 나열합니다. 이때 유통기한이 임박한 재료는 옆에 적어줍니다. 또 먹고 남은 음식이나 상태가 안 좋은 식재료처럼 먼저 소진해야 하는 것은 따로 표시해주고 식단을 짤 때 참고합니다. 냉장고 지도를 사용하는 방법은 여러 가지가 있습니다. 재료를 쭉 나열해서 적는 방법, 지도처럼 위치까지 그려서 사용하는 방법, 영수증을 붙여놓고 사용한 재료는 지우는 방법 등 본인에게 맞는 방법으로 활용하면 됩니다. 다만 사용법이 단순하고 쉬워야 매주, 매월, 매년 꾸준히 사용할 수 있어요.

있는 재료를 활용해 식단을 구성하는 법

냉장고 속 식재료를 파악하면 일주일 식단을 만들 수 있습니다. 일주일 식단을 구성할 때는 '먹고 싶은 메뉴'가 아니라 '남은 재료'를 우선으로 해야 합니다. 예를 들어 냉장고 지도에 돼지고기 다짐육과 시금치가 적혀 있다면, 식단에 돼지고기 다짐육으로 만들 수 있는 메뉴인 동그랑땡, 짜장밥 등을 넣고, 시금치로 만들 수 있는 메뉴인 시금치된장국, 시금치덮밥 등을 넣습니다. 시금치덮밥의 주재료가 다 있으니 메인 메뉴는 정해진 것이지요. 이렇게 남은 재료들로 만들 수 있는 메뉴 리스트를 적어주고, 메인 메뉴나 반찬, 국 등의 메뉴가 나오면 하루의 식단을 구성해주면 됩니다. 그런 다음에 기존의 남은 재료에서 몇 가지 재료만 구매해서 만들 수 있는 메뉴를 식단에 추가해줍니다. 이렇게 이미 냉장고에 있는 재료를 우선으로 메뉴가 구성되어야 남은 재료를 버리지 않고 잘 활용할 수 있어요.

Everyday Home Meal

MON 13	달걀피자 사과 아몬드	잡채밥	비지찌개 깻잎무침 배추전
TUE 14	단호박스프 깜빠뉴 +사과	오이달걀볶음	닭곰탕 부추무침 버섯전
WED 15	양배추쌈 +두부된장	소고기토마토카레	두부스테이크 냉이된장찌개 냉장·감태
THU 16	오바이트 오트밀 +사과,아몬드	함스테이크덮밥	버섯들깨탕 계란찜말이 고등어무조림
FRI 17	요거트 +사과,아몬드	계란볶음밥	함박스테이크 버섯크림수프 펜코파클

Everyday Home Meal

MON EMLC 10:40 14	볼게기계란맘 삶은연근 배추김치	감자찌개 +반찬	간장불고기 부추무침 쌀, 김치
TUE EMLC 9:30 15	요거트 +사과 +그래놀라		연어스테이크 오크밥 나물
WED PT 20:00 16	토마토달걀볶음밥	오일파스타 +버터랙 통함	치즈데리야끼 +양배추
THU EMLC9:30/10:40 출장 17	프렌치샌드 그린스무디	감자볶음밥	양배추덮밥 +두부구이 +김치
FRI PT 20:00 18	샌드위치(핫케이크) 그린스무디	비빔밥	콩나물국 생선구이 매생이전

예를 들어 조금씩 먹고 남은 양파, 감자, 당근 등 자투리 채소가 있다면 카레가루와 고기를 구매해 카레를 만들 수 있습니다. 양배추가 남았다면 다짐육을 구매해 양배추덮밥으로 한 끼 메뉴를 완성할 수 있지요. 버려지는 식재료를 없애려고 노력하면 음식물쓰레기와 식비를 모두 줄일 수 있습니다. 그러기 위해서는 냉장고를 비우는 것이 가장 중요합니다.

가족들이 좋아하는 메뉴를 식단에 넣어요

냉장고를 비우다 보면 다음 일주일 메뉴를 구성할 시점에 남는 재료가 별로 없습니다. 하지만 보통 남은 재료들로 1~2일 치 메뉴 정도는 구성할 수 있습니다. 나머지 요일은 가족들이 좋아하는 메뉴로 구성하면 됩니다. 식비를 절약하는 것은 낭비를 줄이는 것이지 무조건 안 먹고 아끼자는 게 아닙니다. 식사는 우리 가족의 건강과 직결되는 것이며 음식이 주는 즐거움은 삶에서 매우 중요하기 때문이지요. 그러므로 가족들에게 먹고 싶은 게 있는지 물어보고 좋아하는 메뉴들을 추가합니다. 주로 아이들은 메인 메뉴를 이야기하기 때문에 메인 메뉴에 들어가는 재료로 구성할 수 있는 추가 반찬을 고민해 함께 식단에 넣으면 좋습니다. 냉장고 지도로 식재료를 파악해 남아있는 재료들을 활용하는 요리를 만들고, 가족들이 좋아하는 메뉴를 추가해 평일 5일 식단을 구성하는 것입니다.

우리 가족은 평일엔 아침, 저녁 두 끼를 집에서 먹습니다. 주말엔 아침, 점심, 저녁 세 끼를 집에서 먹지요. 아침 메뉴는 주로 탄수화물, 단백질, 과일, 견과류로 구성하거나, 전날 저녁에 먹고 남은 음식이나 식재료가 있다면 활용하기도 합니다.

기분 좋은 하루의 시작을 위해 아침 메뉴만큼은 아이들의 의견을 적극 반영할 때도 있지요. 저녁 메뉴는 가족이 다 함께 먹는 식사이므로 가장 신경 써서 구성합니다. 성장기인 아이들, 매일 운동하는 남편을 위해 단백질 메뉴 한 가지, 채소 반찬두 가지는 꼭 준비하려고 합니다. 여기에 밥과 김치, 때에 따라 국이나 찌개를 함께 구성해 식단을 짜고 있습니다. 채소는 충분히, 과일은 적당히, 건강한 지방을 적당히 섭취할 수 있도록 고려합니다. 양질의 단백질이 풍부한 어육류를 자주 사용하고 되도록 음식의 단맛은 줄이려고 하지요.

많은 분께서 식단을 짤 때 "메뉴 아이디어가 안 떠올라요" "식단을 어떻게 짜야

할지 모르겠어요"하고 어려움을 이야기합니다. 식비 절약으로 이어지려면 '재료 중심의 식단'이 되어야 합니다. 있는 재료를 활용해서 식단을 짜다 보면 선택지가 정해져서 오히려 고민 없이 메뉴를 고를 수 있습니다. 요리책을 참고하거나 앱을 활용해보세요. 또는 검색창에 주재료를 검색하여 어떤 요리를 만들 수 있는지 참고 하는 것도 도움이 됩니다.

계획적인 장보기를 실천하려면

냉장고 지도에 메뉴를 적으면서 필요한 재료는 바로 구매리스트에 적어줍니다. 대체할 수 있는 재료가 있으면 되도록 있는 식재료를 사용하고 최종적으로 꼭 필요 한 재료만 적어둡니다. 온라인으로 장을 볼 때는 사야 할 물건만 검색하고 다른 제 품들은 보지 않는 것이 좋아요. 마트에서 장을 볼 때도 구매리스트에 있는 제품들 만 구매합니다. 장을 볼 때는 신선 식품인 채소, 과일, 육류, 생선 위주로 먹을 만큼 만 삽니다. 할인이나 행사 때문에 계획하지 않은 지출을 하지 않는 것이 중요합니 다. 재료를 많이 사두면 신선도가 떨어지고 같은 재료만 계속 반복해서 먹어야 하 므로 오히려 잘 활용하지 못하게 됩니다. 1회 구매 비용을 책정하고 한 달 식비 예 산 내에서 구매할 수 있도록 합니다. '1주일 예산 10만 원' 또는 '1회 장보기 5만 원' 등으로 세부적인 예산 계획이 있어야 충동구매를 막을 수 있어요. 가공식품은 비싼 데다 첨가물까지 들어있으니 건강을 위해서라도 구매를 자제하는 게 좋습니다.

"오늘 뭐 먹지?" 하는 막연한 생각으로 장을 본다면 집에 와서 막상 해 먹을 건 없고 남은 재료는 활용하기 어렵다고 이야기하는 분들이 많아요. 이러한 문제를 해

결하기 위해 식단 작성은 필수입니다. 일주일 식단 작성만으로 평균 장 보는 시간이 주 1회 10~20분으로 단축되어 밥상을 차리는 데에 드는 노동과 비용을 줄일 수 있습니다.

한 번의 장보기로 평일 5일 집밥을 만들어요

온라인 마켓이 활성화되지 않았던 시절, 저는 한 푼이라도 아끼겠다고 어린 첫째 아이를 업은 채 재래시장에서 장을 보곤 했습니다. 양손 가득 짐을 들고 집에 도착하면 녹초가 되었지요. 짐이 무거워 팔뚝에 장바구니를 걸고 온 날엔 자국이 남아 멍까지 들곤 했습니다. 먹는 일은 우리가 평생 해야 하는 일인데 지치고 힘들면 안 하고 싶어지지요. 실제로 장을 보고 오면 힘이 들어서 오히려 집밥을 못 하겠다는 이야기를 많이 듣습니다.

저는 주 1~2회 장보기를 합니다. 한 번의 장보기로 평일 5일은 식단대로 집밥을 만들고 주말에는 냉장고 파먹기를 합니다. 중간에 필요한 재료가 있다면 추가로 1회 정도 장을 더 봅니다. 앞에서도 계속 이야기했지만 이렇게 하기 위해서는 일주일 식단을 반드시 작성해야 합니다. 처음엔 메뉴를 미리 정해야 한다는 게 어려울 수 있지만 습관이 된다면 오히려 편리하다고 자신 있게 이야기할 수 있어요.

식사 시간이 다가올 때 매번 무얼 만들어 먹나 고민하며 냉장고를 열어보지 않아도 되고, 자주 장 보러 갈 필요도 없습니다. 시간이 되면 식단을 보고 정해진 식사를 준비하면 됩니다. 매일 식사 메뉴를 고민하는 시간, 장 보는 시간, 식사 준비하는 시간을 줄여서 남는 시간을 더 잘 활용할 수 있습니다.

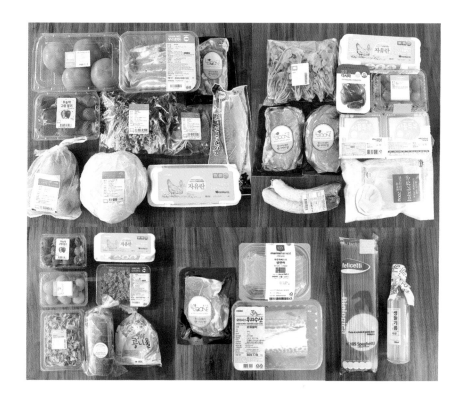

주부가 되고 살림을 하면서 매 순간 느끼는 건 일단 나부터 건강해야 한다는 것입니다. 아시다시피 가족들을 위해 정성 들여 식사 준비를 하는 것은 많은 에너지가 드는 일이에요. 그 과정을 힘들지 않게 하는 노하우가 바로 남아있는 식재료를 파악해 5일 식단을 작성하고, 필요한 재료만 구매해 식단대로 집밥을 만드는 것입니다. 그리고 남은 재료들을 활용해 주말에 냉장고를 비우는 것까지를 일주일의 루틴으로 만들면 됩니다.

주말은 냉장고를 비우는 시간

평일 5일 동안 식단에 맞춰 집밥을 해 먹고 나면 조금씩 남는 재료가 있습니다. 장을 볼 때 먹을 만큼만 구매한다고 해도 고기, 생선, 자투리 채소, 두부, 달걀 등은 남는 일이 많아요.

예를 들어 주중에 닭곰탕을 먹고 재료가 남았다면 자투리 채소를 활용해 닭고기덮밥을 만들 수 있습니다. 이렇게 주말에는 평일에 사용하고 남은 재료를 비우는

한 그릇 메뉴를 만들면 좋습니다. 아직도 식사할 때 밥, 국, 반찬이 필수라고 생각하나요? 한 그릇 메뉴도 탄수화물, 식이섬유, 단백질, 건강한 지방까지 담은 영양 가득한 한 끼 식사가 될 수 있습니다.

만약 남은 재료가 없다면 주말 이틀 동안 필요한 재료를 추가로 사면 됩니다. 저에게 주말은 냉장고를 정리하는 날입니다. 이렇게 주말마다 냉장고를 비워주면 냉장고 청소를 따로 할 필요가 없어요. 냉장고 청소를 하려면 보통 큰마음을 먹고 각오해야 하지만, 냉장고가 가득 채워져 있지 않으면 그렇지 않습니다. 깨끗한 냉장고를 유지하기가 훨씬 쉽지요.

우리 집 밥상 규칙

외식과 배달 음식은 NO!

한 달 식비 중에서 외식, 배달 음식의 비중이 얼마나 되는지 살펴보세요. 외식, 배달 음식을 자주 먹는다면 식비 지출이 클 수밖에 없습니다. 우리 가족은 평일에 외식을 거의 하지 않아요. 주말에 일정이 있는 경우를 포함해 월 1~2회 정도 외식을 합니다. 외식 또한 한 달 식비 예산 내에서 지출하며, 일주일 식단을 짤 때 주말 일정을 확인해 외식 계획을 세웁니다. 만약 외식과 배달에 큰 비용을 쓰고 있다면 다음을 고려해보세요.

외식과 배달 음식에 드는 비용으로 일주일 집밥을 만들 수 있습니다. 한 번의 외식에 평균 5만 원 정도를 지출한다고 가정하면 일주일 집밥을 충분히 만들 수 있는 금액이지요. 이렇게 생각하면 외식이 비싸다는 게 확 와닿습니다.

또한 사 먹는 음식은 건강에 해롭습니다. 특히 제가 배달 음식을 피하는 이유 중 하나는 어떤 재료, 어떤 조리 도구를 이용했는지 알 수 없기 때문입니다. 또한 대부분 조리하자마자 뜨거운 채로 배달용 플라스틱 용기에 담으니 환경 호르몬, 미세플라스틱 등의 문제가 있지요. 아이들이 좋아하는 메뉴 중 하나가 치킨입니다. 요즘 치킨 한 마리에 2만 원이 넘으니 5인 가족의 경우 부담스러운 가격이지요. 그래서 저는 아이들이 치킨을 먹고 싶다고 하면 직접 만들어줍니다. 1만 원 초반에 생닭 두 마리를 살 수 있지요. 믿고 먹을 수 있는 엄마표 치킨으로 식비를 절약할 수 있습니다.

외식을 줄일 수 있는 가장 좋은 방법은 주말에 외출할 때 집에서 밥을 먹고 나가는 것입니다. 외식과 배달의 유혹이 가장 큰 건 주말입니다. 아이들과 어디 가까운 곳이라도 외출하려고 하면 식사 시간이 겹쳐 자연스럽게 외식을 하게 되지요. 되도록 점심 식사를 하고 외출해서 저녁 식사를 하기 전에 집으로 돌아오는 것이 좋습니다. 긴 시간 외출을 해야 해서 어렵다면 정해진 예산 내에서 계획적으로 식비를 지출하면 됩니다. 잠깐 내 몸 편하게 하자고 외식과 배달 음식을 자주 먹는다면 돈이 새는 것은 물론이고 건강도 해칠 수 있습니다.

가공식품 없는 홀 푸드 밥상

식비 절약과 건강한 식사를 위해 제가 꼭 지키고자 하는 우리 집 밥상 규칙 두 번째는 가공식품 섭취를 줄이는 것입니다. 가공식품에는 여러 첨가물이 들어가기 때문에 되도록 자연식품 그대로 먹으려고 합니다. 물론 식품에 첨가해도 된다는 허

가를 받은 첨가물을 규정에 맞게 쓰는 것이지만, 적게 섭취할수록 좋은 것이 사실이지요.

어릴 적 홀로 삼 남매를 키웠던 바쁜 엄마를 대신해 외할머니께서 집밥을 자주 차려주셨던 기억이 납니다. 늘 다양한 제철 음식으로 가득 채워진 외할머니의 밥상은 저에게 큰 힘이 되어주었지요. 할머니께서 뇌출혈로 쓰러진 뒤로는 집밥을 먹을 수가 없었습니다. 할머니의 따뜻한 밥상 대신 패스트푸드, 배달 음식 등이 밥상을 채웠고 중학생 때부터 제 몸에 이상 반응이 생기기 시작했습니다. 아토피가 생기고 몸에 염증이 생긴 것입니다. 하지만 그때는 음식 때문이란 것을 몰랐습니다. 대학 졸업 후 사회생활을 하면서도 저의 식습관은 바뀌지 않았습니다. 그러다 결혼 후 남편의 식습관에 맞춰 가공식품과 패스트푸드를 줄이기 시작했습니다. 남편은 과일을 제외한 간식을 일절 안 먹었고 저도 자연스럽게 안 먹게 되었어요. 해가 지날수록 신기하게도 제 몸이 점점 건강해졌습니다. 그리고 그제야 그동안 소중한 제 몸을 나쁜 음식들로 채웠다는 것을 깨달았습니다.

우리 집에는 가공식품이 없습니다. 라면, 냉동식품, 햄, 베이컨, 훈제 고기 등은 밥상에서 제외된 지 오래되었습니다. "아이들 과자, 빵값이 많이 들어요" "아이들 간식값이 너무 많이 들어요" "아이들 간식은 전혀 안 먹이시나요?" 묻는 분들이 정말 많습니다. 저는 몸에 좋다는 음식을 챙겨 먹기보다 무엇을 안 먹느냐가 더 중요하다고 생각합니다. 그래서 가족과 제가 먹는 식품의 원료를 파악하고 제품을 살 때 원재료명을 꼭 확인하는 습관을 갖게 되었어요. 신선한 재료를 사용해 직접 조리해 먹으면 식비 절약은 물론이고 건강까지 자연스럽게 따라옵니다. 제가 경험을 통해 뼛속 깊이 체득한 사실입니다.

유기농 재료로 준비하는 밥상

저는 농산물 대부분을 유기농으로 구매하고 있습니다. 화학 물질, 농약 등 유기 화합물의 섭취를 줄이기 위함입니다. 유기농이 없을 때는 무농약 농산물로 대체합니다. 무농약 농산물은 농약을 전혀 쓰지 않고 화학 비료를 권장량의 1/3 이내로 사용해서 키운 것입니다.

5인 가족이 한 달 식비 40만 원으로 생활하는데 어떻게 유기농 재료를 사용할 수 있냐는 질문을 많이 받았습니다. 앞에서도 계속 이야기했듯이 한 번에 먹을 만큼만 구매하고 버려지는 재료 없이 활용한다면 충분히 가능합니다. 실제로 저를 오랫동안 지켜본 팔로워분들께 "유기농 재료를 필요한 만큼 사서 식단을 짰더니 신기하게도 식비가 줄었어요!" 하고 피드백을 많이 받았습니다.

제가 주로 식재료를 구매하는 곳은 한살림과 오아시스마켓 두 곳입니다. 한살림은 오프라인으로 직접 가서 구매하는 편이고, 오아시스마켓은 온라인으로 이용합니다. 매장마다 다르겠지만 주로 한살림을 오전 시간에 방문하면 전일 입고된 상품을 할인 판매하는 것을 볼 수 있습니다. 이때 할인 제품 위주로 구매해 식비를 절약할 수 있지요. 오아시스마켓은 친구에게 추천하여 친구가 가입하면 추천한 사람에게도 할인 쿠폰이 지급됩니다. 이 할인 쿠폰을 적극적으로 활용해 5천 원씩 식비를 절약할 수 있습니다. 이외에도 마켓컬리, 자연드림(아이쿱생협), 초록마을, 로컬푸드 직매장 등을 활용해도 좋습니다. 요즘은 대형마트에서도 유기농 제품을 많이 찾아볼 수 있지요. 각각의 장단점을 비교하여 본인이 선호하는 제품이 많은 곳, 매장 위치가 편리한 곳에서 구매하면 됩니다.

온·오프라인 마켓 비교		
한살림 (온·오프라인)	• 최초 가입 비용 3만 3천 원 • 조합원 금액으로 구매 가능(탈퇴 시 반환)	• 원재료 모두 공개 • 자체적인 방사성 물질 검사 시행 • 국내 제철 유기농 식재료
오아시스마켓 (온라인)	• 별도의 가입 비용 없음 • 온라인 가입 시 첫 구매 혜택	• 새벽 배송 가능(가능한 지역 제한) • 친환경 포장 • 첨가물 없는 소스 및 제철 과일, 채소
마켓컬리 (온라인)	• 별도의 가입 비용 없음 • 온라인 가입 시 첫 구매 혜택	• 새벽 배송 가능(가능한 지역 제한) • 다양한 품목
자연드림(아이쿱생협) (온·오프라인)	• 최초 가입 시 4만 원 납부 • 매달 1만 원 납부 • 조합원 금액으로 구매 가능(탈퇴 시 반환)	• 조합원, 비조합원의 가격 차이가 큼 • 물건이 다양함 • 유기농 제품 이외에도 환경적인 활동
초록마을 (온·오프라인)	• 별도의 가입 비용 없음	• 다른 곳보다 가격이 높은 편 • 분기별 행사 진행
지역 로컬푸드 직매장 (오프라인)	• 별도의 가입 절차 없음	• 장거리 운송을 거치지 않은 지역 농산물 판매 • 신선도가 높음

우리 가족 건강을 책임지는 건 나

아이는 태어난 순간부터 식사, 수면, 배변을 반복합니다. 이 과정에서 부모는 아이가 잘 먹는지, 잠은 잘 자는지, 배변은 잘 하는지로 아이의 성장을 점검합니다. 아이가 성장하는 데 가장 중요한 것이자 기본적인 요소이기 때문입니다. 아이의 변을 보며 건강 상태를 파악하고, 오늘 하루 무슨 음식을 먹었는지, 무슨 일이 있었는지 가장 잘 알 수 있는 사람은 바로 엄마입니다.

집밥은 일을 끝내고 돌아온 피곤한 남편에게 수고했다 말해주는 저의 응원입니다. 또 집에 돌아온 아이들이 주방에서 나는 소리와 냄새로 행복을 느끼길 바라는

작은 소망이고, 가족들과 함께 소통하는 즐거운 시간이며, 아플 때 잘 이겨내 준 아이들에게 고마움을 전하는 저의 사랑입니다. 아이들이 점점 커가며 엄마가 해주는 음식만 먹을 수 없을 때, 몸에 좋은 음식과 나쁜 음식을 스스로 판단해서 먹을 수 있었으면 합니다. 이처럼 저에게 집밥은 영양소를 공급해주는 단순한 음식 섭취가 아닙니다. 앞으로 아이들이 살아가며 예상치 못한 힘든 일들이 많겠지만 그럴 때마다 저의 집밥이 시련을 이겨낼 수 있는 큰 힘이 되기를 바랍니다.

기본양념 및 추천 제품

1. 소금

소금은 환경과 제조 방식에 따라 천일염, 죽염, 함초 소금, 히말라야 핑크소금 등 다양한 종류가 있습니다. 전통 토판 방식으로 채염한 자연 소금인 천일 토판염을 사용하는 것을 추천합니다.

[추천] **태평염전 토판 천일염**

2. 비정제원당

비정제원당은 정제된 설탕보다 미네랄과 비타민이 풍부하고 몸에 천천히 흡수됩니다. 비정제원당을 구매할 때는 제품 상세 설명에 '추가적인 화학 정제를 하지 않은' '당밀을 분리하지 않은' 등의 내용을 확인 후 유기농 제품으로 구매합니다.

[추천] **PTCoop 유기농 마스코바도**

3. 비정제원당 시럽

저는 보통 요리에 윤기를 나게 하거나, 농도를 진하게 만들 때 물엿과 올리고당을 대신해 비정제원당으로 시럽을 직접 만들어 사용합니다. 비정제원당과 물을 2:1의 비율로 섞어 아주 약한 불에서 젓지 않고 완전히 녹인 다음 한 김 식혀서 사용합니다.

[추천] **고이아사 유기농 비정제원당**

4. 올리브유

책에 수록된 레시피에서 가장 많이 사용하는 오일입니다. 불포화지방과 올레산이 함유되어 있습니다. 올리브유는 어두운 유리병에 담긴 유기농 제품이자 엑스트라버진 등급을 구매합니다. 구매할 때는 냉압착 여부, 산도를 확인하세요. 산도가 낮을수록 좋은 제품입니다.

[추천] **솔레르 로메로 유기농 엑스트라버진 올리브유**

1.   2.   3.   4.

5. 6. 7. 8. 9. 10.

5. 간장

기본양념에 많이 사용하는 간장은 재래식 간장으로 국산 콩, 천일염, 정제수로 만들어진 제품이 좋습니다.

[추천] **한살림 조선간장**

7. 사과 식초

사과 식초는 드레싱이나 소스에 활용하기 좋습니다. 유기농 사과를 원료로 하여 첨가물 없이 자연적으로 발효시킨 것을 추천합니다. 또 다량의 식초 초모를 담은 제품이 좋습니다.

[추천] **드니그리스 유기농 사과 식초**

9. 들깻가루

식이섬유와 불포화지방의 섭취를 늘릴 수 있는 들깻가루는 국, 나물, 한 그릇 요리에 사용하면 맛을 내는 데 도움이 됩니다.

[추천] **한살림 들깨가루**

6. 된장, 고추장, 깨

된장은 탈지대두가 아닌 대두와 물로만 천연 발효한 된장이 좋습니다. 고추장도 메줏가루나 쌀가루, 밀가루로만 천연 발효한 고추장이 좋습니다.

8. 생들기름

올리브유와 함께 챙겨 먹으면 좋은 지방입니다. 고온에서 볶은 뒤 짠 들기름보다는 열을 가하지 않고 한 번에 냉압착하여 저온에서 착유한 생들기름을 추천합니다. 들기름은 열에 약하기 때문에 조리하지 않고 나물 무침이나 요리의 마지막에 둘러 생으로 섭취하는 것이 좋습니다.

[추천] **한살림 생들기름**

10. 멸치액젓

국물 요리를 할 때 멸치액젓을 사용하면 육수를 따로 내지 않아도 감칠맛을 내줍니다.

[추천] **한살림 멸치액젓**

11. 마요네즈, 굴소스, 맛술 등 소스류

요리에 가끔 사용하지만, 감칠맛을 더하는 소스류는 성분표를 확인한 후 첨가물이 없는 제품으로 구매합니다.

[추천] 한살림 미온

12. 드레싱

시판 드레싱은 다양한 첨가물이 들어가므로 되도록 만들어 사용합니다. 좋은 지방인 올리브유와 소금, 후추만으로도 맛있는 드레싱을 완성할 수 있습니다.

13. 버터

베이킹에 사용하는 버터는 가공버터가 아닌 소를 방목하여 키운 프랑스, 이탈리아, 스위스산 발효버터나 기버터를 사용합니다. 발효버터는 젖산, 젖산 발효균, 젖산균이 있는 버터이고, 기버터는 버터를 녹이고 수분을 완전히 날려 우유 지방이 거의 100%에 가까운 정제버터입니다.

[추천] 이즈니 AOP 롤 버터

14. 카레가루

카레는 식탁에 자주 오르는 단골 메뉴입니다. 아이들이 채소를 먹게 하는 좋은 방법이기도 하지요. 이런 가공식품을 고를 땐 원재료명을 꼭 확인하여 첨가물이 최소한으로 들어간 제품을 선택하는 것이 좋습니다.

[추천] 바오푸드 비건 카레가루, 두레생협 토리 카레가루

16. 유기농 치킨스톡

치킨스톡은 파스타, 수프, 국 등 다양한 요리에 깊은 맛과 감칠맛을 낼 때 사용합니다. 여러 종류가 있지만 유기농 닭으로 만든 제품을 추천합니다. 또 고형보다는 액상형이 양 조절을 하기 더 쉬워요. 요리에 자신이 없는 초보라면 유기농 치킨스톡으로 맛을 내보세요.

[추천] 올계 유기농 치킨스톡

15. 요거트 스타터

저는 일주일에 2~3회 아침 또는 간식으로 요거트를 만들어 먹습니다. 요거트는 우유에 농후발효유나 요거트 스타터를 넣어 만들 수 있어요.

[추천] 듀오락 요거맘

11.　12.

13.　14.

15.

16.

17. 유기농 발사믹식초

발사믹식초는 올리브유를 넣어 빵을 찍어 먹거나, 샐러드 드레싱, 고기 요리, 생선 요리 등 다양하게 활용할 수 있습니다. 저는 올리브유, 소금, 후추와 함께 섞어 샐러드 드레싱으로 자주 활용합니다.

[추천] **일 토리오네 유기농 발사믹식초**

19. 식빵

빵은 밀가루, 통밀가루, 이스트, 소금, 물 등 최소한의 성분으로 만든 치아바타, 깜빠뉴, 바게트를 추천합니다. 시중의 식빵을 구매할 때는 원재료명을 확인하여 마가린, 쇼트닝, 유화제, 보존료, 계량제 등의 식품 첨가물이 없는 제품을 구매합니다.

[추천] **한살림우리밀제과 쌀식빵**

18. 유기농 토마토소스

일반적인 시판 소스는 첨가물이 많이 들어가 있어요. 유기농 토마토가 99% 이상 함유된 소스를 추천합니다. 자극적이지 않은 토마토 본연의 맛을 느낄 수 있어요.

[추천] **일누트리멘토 유기농 파사타 포모도리**

20. 동물성 생크림

베이킹을 하거나, 수프, 리조또 같은 양식 메뉴를 만들 때는 식물성 생크림이 아닌 동물성 생크림을 사용합니다. 식물성 생크림은 정제수, 팜핵경화유, 유화제 등 여러 첨가물이 들어가 있지만, 동물성 생크림은 우유로 만들어요. 동물성 생크림은 유통기한이 짧기에 200ml 제품을 구매해 개봉 후 다 사용하는 것이 좋습니다.

[추천] **매일유업 매일 생크림**

17.　　　　18.　　　　19.　　　　20.

21.   22.   23.   24.

21. 홀그레인 머스터드

홀그레인 머스터드 특유의 알싸함은 햄버거나 샌드위치와 잘 어울려요. 저는 주로 샌드위치 스프레드로 사용하지만 고기 요리에도 잘 어울립니다.

[추천] **테메레 유기농 홀그레인 머스터드소스**

23. 유기농 채소믹스

신선한 제철 채소를 구하기 어렵거나, 시간이 부족할 때는 유기농 채소믹스를 활용해보세요. 볶음밥, 달걀찜, 카레 등 다양한 요리에 간편하게 채소를 넣을 수 있고, 그대로 볶아서 곁들여 먹을 수도 있습니다.

[추천] **아르도 유기농 냉동 채소믹스**

22. 허브가루

허브가루는 유통기한이 길어 하나만 사도 오래 사용할 수 있어요. 잡내를 제거할 때나, 풍미를 더할 때 사용합니다.

[추천] **심플리오가닉 바질**

24. 제철 재료

음식의 맛을 결정하는 건 특별한 양념이나 대단한 조리법이 아닌 신선하고 영양 가득한 제철 재료입니다. 재료 본연의 맛을 해치지 않도록 최소한의 양념과 조리를 해줍니다. 음식을 맛있게 만들고 싶다면 신선하고 좋은 제철 재료를 쓰는 것이 가장 좋은 방법입니다.

재료 써는 법

1. 편 썰기

마늘이나 애호박 등의 재료를 일정한 간격으로 얇고 납작하게 썰어줍니다.

2. 채 썰기

양파나 당근 등의 재료를 얇게 편 썰어 겹쳐 놓고 일정한 두께로 길쭉하게 썰어줍니다.

3. 깍둑썰기

두부나 애호박 등의 재료를 정사각형 주사위 모양으로 썰어줍니다.

4. 송송 썰기

대파나 청양고추 등의 재료를 동그란 모양으로 얇게 썰어줍니다.

5. 어슷썰기

가지나 대파 등의 길쭉한 재료를 눕혀서 비스듬히 썰어줍니다.

6. 나박 썰기

무나 당근 등의 재료 가장자리를 잘라내고 직사각형이나 사각형 모양으로 얇게 썰어줍니다.

일러두기

·이 책의 레시피는 아이가 있는 4인 가족의 양을 기준으로 합니다.

·1T(큰술)=15ml, 1t(작은술)=5ml, 1컵=200ml, 1/2컵=100ml 입니다.

·계량은 가급적 표준 계량컵과 계량스푼을 사용해주세요. 도구가 없다면 밥숟가락과 종이컵을 사용해도 괜찮습니다.

·평일 5일 하루 2끼(아침, 저녁), 4개월 동안 활용할 수 있는 160가지 레시피를 담았습니다.

·아침, 저녁 메뉴의 재료 활용에 중점을 두고 한 가지씩 메뉴를 소개합니다. 냉장고 속 남은 재료를 사용해서 추가 메뉴 구성을 해주세요.

·저녁 메뉴를 덜어두고 다음 날 아침 메뉴로 활용하는 경우가 있으니 팁박스를 참고하세요.

·레시피에 소금, 후추의 양이 표기되어 있지만 간을 맞출 때는 본인의 입맛에 맞게 넣으면 됩니다.

·기름은 오직 올리브유만 사용하기 때문에 끓이는 국물 요리를 제외하고는 전부 중약불로 조리합니다.

·평일에 요리를 하고 남은 재료는 주말에 냉장고 파먹기로 소진합니다.

·책에 소개된 장보기 비용은 오아시스마켓과 한살림 매장 기준으로 작성했습니다.

·구매 시기에 따라 가격이 변동할 수 있습니다.

1개월 밥상 차리기

🍽 1주차 메뉴

아침	저녁
통밀프렌치토스트	소고기뭇국
시금치프리타타	소고기채소비빔밥
수제 요거트와 제철 과일	고등어카레구이
치킨토르티야롤	만두전골
꼬마채소김밥	콩나물국

🛒 1주차 장보기

주재료	구매량
통밀식빵	1봉지
달걀	20개
우유	1L
국거리용 소고기	200g
무(1, 3주)	1kg 내외
대파(1, 2주)	500g
시금치	2단(400g)
양파(1, 2주)	1망(4개)
방울토마토	1팩(500g)
모차렐라치즈	100g
무항생제 햄	100g
소고기 다짐육	300g
당근(1, 2주)	500g(3개)
콩나물	300g
농후발효유	1개
고등어	2미
카레가루	1봉지(100g)
닭안심살	300g
토르티야	10장
배추	1통(500g)
왕만두	1봉지(530g)
느타리버섯	200g
사골국물	1팩(500g)
김밥용 김	10장
마늘(1, 2주)	200g
제철 과일(선택)	적당량

부재료
올리브유
비정제원당
소금
다진 마늘
멸치액젓
간장
후추
다시마
생들기름
깨
다진 대파
참기름
마요네즈
맛술
고춧가루
부침가루
청양고추(선택)
견과류 믹스(선택)
슈가파우더(선택)

 통밀프렌치토스트

 재료

통밀식빵 4장
달걀 3개
우유 1/2컵
올리브유 1T
비정제원당 1T
소금 1/2t
슈가파우더 1t (선택)
견과류 믹스 1봉지 (선택)
제철 과일 (선택)

 만드는 법

1. 달걀을 깨트려 잘 풀어준다.

2. 잘 풀어준 달걀에 우유, 비정제원당, 소금을 모두 넣고 섞는다.

3. 달걀물에 통밀식빵 앞뒤를 완전히 적신다.

4. 예열한 팬에 올리브유를 두르고 달걀물에 젖은 식빵을 약불에서 천천히 앞뒤로 익힌다.

5. 통밀프렌치토스트를 먹기 좋게 잘라 슈가파우더를 뿌려주고, 견과류 믹스와 제철 과일을 곁들인다.

Tip

완성된 프렌치토스트 위에 비정제원당을 살짝 뿌려 한 번 더 구워주면 바삭한 토스트가 됩니다.

소고기뭇국

🍲 재료

국거리용 소고기 200g
무 1/3 토막
다시마 1장
대파 1/2대
다진 마늘 1T
멸치액젓 1t
간장 2T

🍚 만드는 법

1. 무를 납작하게 썰고 대파는 송송 잘라 흰 부분과 초록색 부분을 나눠 준비한다.

2. 소고기는 핏물 제거 후 먹기 좋은 크기로 자른다.

3. 냄비에 자른 무와 고기, 다시마, 대파 흰 부분, 다진 마늘을 모두 넣고 재료가 잠길 정도로만 물을 부어 끓인다.

4. 물이 끓으면 다시마를 건져내고 건더기와 물의 비율이 1:2가 되도록 물을 더 부어 간장, 멸치액젓을 모두 넣고 끓인다.

5. 국자로 불순물을 건져낸 뒤 맛을 보고 소금을 넣어 간을 맞춘다.

6. 대파의 초록색 부분을 넣고 5분 정도 더 끓인다.

💬 Tip

참기름은 발연점이 낮아 고기를 볶으면 산패될 수 있으므로 고기를 볶지 않습니다!

시금치프리타타

 재료

시금치 100g
방울토마토 5개
양파 1/2개
무항생제 햄 5장
달걀 4개
모차렐라치즈 50g
우유 1/2컵
올리브유 1/2T
소금 1/2t
후추 1/2t

만드는 법

1. 시금치를 적당한 크기로 자르고 방울토마토는 반을 잘라 준비한다.

2. 양파는 채 썰고 무항생제 햄을 먹기 좋은 크기로 자른다.

3. 달걀을 깨트려 우유, 소금, 후추를 모두 넣고 섞어준다.

4. 예열한 팬에 올리브유를 두르고 양파와 햄을 볶은 뒤 불을 끄고 시금치를 넣어 잔열에 살짝 볶는다.

5. 오븐용 용기에 볶아준 재료를 전부 담고 달걀물을 붓는다.

6. 방울토마토와 모차렐라치즈를 골고루 뿌려 190도로 예열한 오븐에 20분 굽는다.

 Tip

오븐에서 꺼낸 프리타타는 이쑤시개로 가운데를 찔러보세요. 달걀물이 묻어 나오지 않으면 속까지 잘 익은 거예요.

소고기채소비빔밥 저녁

 재료

소고기 다짐육 200g (또는 불고기용 소고기)
당근 1/3개
양파 1/2개
시금치 100g
콩나물 150g
올리브유 1T
생들기름 1T
소금 2t
깨 1/2t

소고기 양념
다진 마늘 1t
다진 대파 1T
간장 2T
참기름 1T
비정제원당 1T
후추 1/2t
깨 1t

만드는 법

1. 핏물을 제거한 소고기에 소고기 양념 재료를 모두 넣고 재워둔다.

2. 당근, 양파를 채 썰어준다.

3. 시금치와 콩나물을 데쳐서 준비한다.

4. 예열한 팬에 올리브유를 두르고 양파, 당근을 넣은 뒤 소금 1t을 뿌려 볶는다.

5. 볶은 양파와 당근을 따로 덜어두고 양념한 소고기를 볶는다.

6. 데친 시금치와 콩나물은 각각 소금 1t, 깨, 생들기름을 넣고 무친다.

7. 그릇에 밥을 담고 준비한 재료를 둘러준다.

Tip

재료마다 간이 배어 있어 그냥 먹어도 맛있지만 취향에 따라 고추장을 넣어도 좋아요.

수제 요거트와 제철 과일

 재료

요거트 메이커
우유 900ml
농후발효유 1병 (또는 요거트
스타터)
제철 과일

만드는 법

1. 우유를 상온에 3시간 정도 두어 미지근하게 만든다.

2. 잡균 번식을 막기 위해 유리병을 소독한다.

3. 우유 900ml에 농후발효유 1병을 넣고 잘 섞는다.

4. 유리병에 나눠 담고 8시간 동안 요거트 메이커에서 발효한다.

5. 발효가 끝나면 냉장고에서 최소 2~3시간 보관한다.

6. 제철 과일을 곁들여 먹는다.

Tip

저지방우유나 첨가물이 들어
간 우유가 아닌 원유 100%의
일반 우유를 사용해주세요.
만든 요거트는 3일 이내에 먹
으면 됩니다.

고등어카레구이

재료

고등어 2미
올리브유 1T
카레가루 1T (또는 강황가루)
부침가루 2T

만드는 법

1. 카레가루와 부침가루를 모두 한데 넣고 잘 섞는다.

2. 물기를 제거한 고등어의 앞뒤로 섞은 가루를 골고루 묻힌다.

3. 예열한 팬에 올리브유를 두르고 중약불에서 가루 옷을 입힌 고등어를 노릇하게 15분 동안 굽는다.

Tip

센 불에서 구우면 가루 옷이 금방 탈 수 있으니 주의하세요!

치킨토르티야롤

 재료

닭안심살 300g
토르티야 4장
양파 1/2개
배추 4장
방울토마토 10개
달걀 4개
마요네즈 4T
올리브유 1T
맛술 1T
소금 1t
후추 1t

만드는 법

1. 닭안심살은 힘줄을 제거하고 세로로 2등분한다.

2. 손질한 닭안심살에 맛술, 소금, 후추를 뿌려 잠시 재워둔다.

3. 양파, 배추를 채 썰어준다.

4. 방울토마토를 반으로 잘라 준비한다.

5. 달걀프라이는 완숙으로 준비한다.

6. 아무것도 두르지 않은 팬에 토르티야를 앞뒤로 약불에 살짝 굽는다.

7. 올리브유를 두른 팬에 밑간해둔 닭안심살을 구워 익힌다.

8. 조리대나 도마에 랩을 깔고 그 위에 토르티야를 올려 마요네즈를 바른다.

9. 준비한 재료를 올린 뒤 토르티야를 돌돌 말아 완성한다.

Tip

냉장고에 남은 자투리 채소를 활용해보세요. 훌륭한 한 끼 식사가 됩니다.

재료

왕만두 500g
배추 5~6장
대파 1/2대
느타리버섯 100g
사골국물 1팩 (500ml)
물 1컵

양념장
다진 마늘 1T
간장 1T
고춧가루 2T
소금 1/2t
후추 1/2t

만드는 법

1. 배춧잎을 한입 크기로, 대파는 어슷하게 썰어 준비한다.

2. 느타리는 먹기 좋게 적당히 찢어서 준비한다.

3. 냄비 바닥에 배추를 깔고 위에 만두, 버섯, 대파를 사이사이 올린다.

4. 사골국물과 물을 붓고 양념장 재료를 모두 넣어 10~15분 동안 만두와 채소가 익을 때까지 끓인다.

5. 부족한 간은 소금으로 맞춘다.

 꼬마채소김밥

재료

김밥용 김 4장
밥 3~4공기 (500g 내외)
당근 2/3개
시금치 100g
달걀 5개
올리브유 1T
생들기름 2T
소금 1t
깨 1t

💬 Tip

• 뜨거운 밥으로 김밥을 싸면
  김이 쭈글쭈글해지므로 밥
  을 꼭 식혀주세요.
• 김을 1/4 등분으로 잘라서
  아이들이 직접 만들어 먹게
  하는 것도 좋은 방법입니다.

만드는 법

1. 따뜻한 밥에 소금 1/2t, 생들기름 1T, 깨 1t을 넣어 밑간하고 한 김 식
   힌다.

2. 당근을 채 썰어준다.

3. 예열된 팬에 올리브유를 두르고 채 썬 당근과 소금 1/2t을 넣어 볶아
   준다.

4. 시금치를 끓는 물에 데친 뒤 소금 1/2t, 생들기름 1T을 넣고 무친다.

5. 달걀을 깨트려 풀어주고 지단을 만들어 얇게 썬다.

6. 김밥용 김을 4등분한 뒤 밥과 준비한 채소를 올리고 돌돌 말아 완성
   한다.

콩나물국 저녁

 재료

콩나물 150g
대파 1/4대
다진 마늘 1t
멸치액젓 1T
물 3컵
소금 1t
청양고추 1개 (선택)

만드는 법

1. 깨끗하게 손질한 콩나물을 물에 넣고 끓인다.

2. 대파를 송송 썰어준다.

3. 콩나물이 익으면 대파, 다진 마늘, 멸치액젓, 소금을 모두 넣고 끓여
   준다. (매콤한 맛을 가미하고 싶다면 청양고추 추가)

4. 부족한 간을 소금으로 맞춘다.

Tip

콩나물을 끓일 때는 뚜껑을 닫
아줍니다. 중간에 뚜껑을 열면
비린내가 날 수 있어요!

061

🍽️ 2주차 메뉴

아침	저녁
시금치팬케이크	가지솥밥
당근김밥	고구마닭볶음탕
멸치주먹밥	양배추오일파스타
당근머핀	가지데리야끼덮밥
구운 주먹밥	연어솥밥

🧺 2주차 장보기

주재료	구매량
시금치	1단(200g)
중력분	1봉지(500g)
박력분	1봉지(500g)
달걀	10개
우유	200ml
버터(2개월분)	200g
가지	6개
돼지고기 다짐육(2, 3주)	300g
대파	1주에 구매
당근	1주에 구매
김밥용 김	10장
생닭	1kg
고구마	800g(4개)
양파	1주에 구매
볶음용 멸치	200g
양배추	1통(1kg 내외)
파스타 면	500g
마늘	1주에 구매
피칸(또는 다른 견과류)	100g
연어	500g
제철 과일(선택)	적당량

부재료
비정제원당
베이킹파우더
소금
다진 마늘
올리브유
간장
다진 대파
김치
고춧가루
맛술
참기름
깨
생들기름
고추장
후추
비정제원당 시럽
시나몬가루
전분가루
장식용 타임(선택)
페퍼론치노(선택)
파마산치즈(선택)

시금치팬케이크 아침

🥣 재료

시금치 30g
우유 1/2컵
버터 10g
달걀 2개
중력분 100g
비정제원당 3T
베이킹파우더 1t
소금 1/2t
제철 과일 (선택)

🍳 만드는 법

1. 우유와 달걀을 실온에 30분 이상 두어 찬 기를 뺀다.

2. 버터를 제외한 모든 재료를 블렌더에 넣고 갈아준다.

3. 버터를 중탕으로 녹여준다.

4. 갈아 놓은 재료에 녹인 버터를 넣고 골고루 섞어 팬케이크 반죽을 만들어준다.

5. 팬을 예열한 뒤 약불에서 팬케이크 반죽을 동그랗게 올린다.

6. 반죽에 기포가 올라오면 뒤집어준다.

7. 앞뒤로 노릇하게 구운 팬케이크에 제철 과일을 곁들인다.

가지솥밥 저녁

 재료

쌀 2컵
가지 3개
돼지고기 다짐육 150g
대파 1대
다진 마늘 1T
올리브유 2T
간장 2T
물 1.5컵
비정제원당 1T

양념장 (선택)
다진 마늘 1/2t
다진 대파 2T
고춧가루 1T
간장 4T
맛술 1T
참기름 1T
비정제원당 1t
깨 1T

만드는 법

1. 쌀을 정수물에 깨끗이 씻은 뒤 물을 넣고 30분 정도 불린다. (여름 30분, 겨울 1시간)

2. 대파를 송송 썰고, 가지는 반으로 잘라 굵게 어슷하게 썰어준다.

3. 예열한 팬에 올리브유를 두르고 중약불에서 대파, 다진 마늘을 볶아준다.

4. 파마늘기름 향이 올라오면 돼지고기 다짐육을 넣고 바짝 볶아준 뒤 팬 가장 자리에 간장, 비정제원당을 넣고 끓을 때까지 잠시 둔다.

5. 볶아준 돼지고기에 가지를 함께 넣고 숨이 살짝 죽을 정도로만 빠르게 볶아준다.

6. 불린 쌀 위에 볶은 가지를 올려 밥을 짓는다.

7. 밥이 다 되면 가라앉은 양념과 밥을 골고루 잘 섞어준다.

8. 양념장 재료를 한데 모두 넣고 섞어 가지솥밥에 곁들인다.

당근김밥

재료

김밥용 김 4장
밥 3~4공기 (500g 내외)
당근 1개
김치 2장
다진 마늘 2T
올리브유 1T
생들기름 1T
소금 1t
깨 1t

만드는 법

1. 당근을 채 썰어준다.

2. 김치를 씻는다.

3. 예열한 팬에 올리브유를 두르고 중약불에서 다진 마늘을 볶는다.

4. 마늘기름 향이 올라오면 채 썬 당근과 소금 1/2t을 넣고 볶는다.

5. 씻은 김치를 김밥용 김 길이에 맞게 길게 자른다.

6. 볼에 밥을 담은 뒤 생들기름, 소금 1/2t, 깨를 넣고 주걱을 세워 골고루 섞어준다.

7. 김 위에 밥을 고르게 편 후 당근을 1줌, 씻은 김치를 2~3줄 정도 올리고 돌돌 말아준다.

Tip

첨가물이 많은 노란 단무지보다는 씻은 김치를 활용하세요. 당근 1개, 사과 2개, 물 1컵을 믹서에 넣고 갈아 당근사과주스를 만들어 함께 먹으면 더욱 좋습니다.

고구마닭볶음탕 저녁

 재료

손질한 닭 1kg
고구마 3개
양파 1개
대파 1대
물 2컵

양념장

고추장 1T
다진 마늘 2T
간장 5T
맛술 3T
고춧가루 3T
비정제원당 2T
후추 1/2t

만드는 법

1. 닭을 끓는 물에 살짝 데친 뒤 찬물에 씻어 불순물을 제거한다.

2. 고구마, 양파를 큼직하게 썰어주고, 대파를 2~3cm 크기로 썰어 준비한다.

3. 냄비에 데친 닭, 고구마, 양념장 재료를 모두 넣고 물을 부어 센 불에서 끓인다.

4. 한 번 끓어오르기 시작하면 중불로 줄이고 30~40분 더 익혀준다.

5. 닭이 익으면 양파와 대파를 넣고 5분 정도 끓인 후 불을 끈다.

Tip

생닭은 물로 세척하는 과정에서 교차오염이 될 수도 있어요. 이때 생긴 균은 75도에서 1분 이상 가열하면 사멸합니다.

(아침) **멸치주먹밥**

 재료

볶음용 멸치 100g
밥 3~4공기 (500g 내외)
올리브유 3T
생들기름 1T
비정제원당 시럽 2T
비정제원당 2T
깨 1T

 만드는 법

1. 예열한 팬에 올리브유를 두르고 멸치를 튀기듯이 볶는다.

2. 약불로 낮추고 비정제원당 시럽을 모두 넣어 골고루 섞은 뒤 불을 꺼준다.

3. 준비한 비정제원당도 골고루 뿌려 섞어준다.

4. 밥에 생들기름과 갈은 깨를 넣고 섞는다.

5. 밥에 볶은 멸치를 넣고 잘 섞어준 뒤 한입 크기로 동그랗게 뭉친다

Tip

잔멸치는 금방 타버리므로 볶
을 때는 눈을 떼지 말고 골고
루 잘 볶아주세요!

양배추오일파스타

🍲 재료

양배추 1/4통
파스타 면 400g
마늘 10쪽
면수 2컵
올리브유 5T
소금 1t
후추 1/2t
페퍼론치노 5~7개 (선택)
파마산치즈 1T (선택)

👨‍🍳 만드는 법

1. 끓는 물에 소금과 면을 넣고 제품에 표기된 시간보다 2분 적게 삶아 준다. (물 1L당 소금 10g)

2. 면을 삶는 동안 양배추는 적당한 크기로 자르고, 마늘은 편 썬다.

3. 팬에 올리브유를 두르고 마늘을 넣어 타지 않게 천천히 튀기듯이 익힌다.

4. 마늘이 노릇해지면 양배추를 넣는다. (매콤한 맛을 가미하고 싶다면 페퍼론치노 추가)

5. 면수 2컵을 넣고 끓으면 삶은 파스타면을 넣어 면수가 잘 스며들게 볶아준다.

6. 소금, 후추로 간을 맞추고 기호에 따라 파마산치즈를 뿌린다.

💬 Tip

치킨스톡을 조금 넣어주면 더욱 맛있게 먹을 수 있습니다.

 당근머핀

 재료

당근 1개
달걀 3개
올리브유 1/2컵
박력분 140g
비정제원당 90g
베이킹파우더 1t
시나몬가루 1/2t
다진 피칸 30g (또는 다른 견
과류)

💬 **Tip**

• 이 레시피는 6구 머핀틀을 기
준으로 합니다.
• 오븐에서 꺼낸 머핀은 이쑤시
개나 꼬치로 살짝 찔러 반죽
이 익었는지 확인해보세요!

🍮 **만드는 법**

1. 달걀은 미리 실온에 꺼내어 찬 기를 빼준다.

2. 박력분, 베이킹파우더, 시나몬가루를 체에 한 번 걸러준다.

3. 당근을 블렌더를 이용해 갈거나 잘게 다져 준비한다.

4. 볼에 달걀을 넣고 거품기로 잘 풀어준다.

5. 비정제원당을 2~3번 나눠 넣으면서 잘 섞어준다.

6. 원당이 어느 정도 녹은 것 같으면 올리브유를 넣고 섞는다.

7. 체에 거른 가루 재료를 넣고 주걱으로 잘 섞어준다.

8. 더 이상 가루가 보이지 않으면 다진 당근과 건과류를 넣고 섞는다.

9. 머핀틀에 유산지를 깔고 반죽을 80%까지 채운다.

10. 170도로 예열해놓은 오븐에 20~25분 구워준다.

가지데리야끼덮밥 저녁

 재료

가지 3개
밥 3~4공기 (500g 내외)
올리브유 5T
전분가루 1/2컵

데리야끼 양념
다진 마늘 1t
비정제원당 시럽 2T
간장 2T
맛술 2T
물 3T

만드는 법

1. 가지를 한입 크기로 잘라 전분 가루를 입힌다.

2. 예열한 팬에 올리브유를 두르고 가지를 튀기듯이 구워주고 다 구워
   지면 잠시 둔다.

3. 팬에 데리야끼 재료를 모두 넣고 살짝 끓인다.

4. 양념이 끓으면 가지를 넣고 금방 되직해지므로 빠르게 섞는다.

5. 그릇에 밥을 담고 가지데리야끼를 올려 완성한다.

Tip

가지데리야끼 60g은 다음 날
아침 메뉴에 활용합니다.

 구운 주먹밥

 재료

가지데리야끼 60g
밥 3~4공기 (500g 내외)
생들기름 1T
깨 1T

간장 소스
간장 4T
비정제원당 2T

 만드는 법

1. 전날 만든 가지데리야끼를 작게 자른다.

2. 볼에 밥, 생들기름, 깨를 전부 넣고 주걱을 세워 골고루 섞은 뒤 잠시 둔다.

3. 간장 소스 재료를 한데 모두 넣고 섞는다.

4. 밥을 적당한 크기로 잡아 손바닥에 펼친 뒤 가운데 가지데리야끼를 넣고 동그랗게 뭉쳐준다.

5. 아무것도 두르지 않은 팬에 동그랗게 뭉친 밥을 올리고 겉이 누룽지가 될 때까지 앞뒤로 굽는다.

6. 구워진 주먹밥에 간장 소스를 골고루 발라 앞뒤로 다시 구워준다.

연어솥밥

 재료

연어 500g
쌀 2컵
생들기름 2T
물 1.5컵
소금 1/2t

만드는 법

1. 쌀을 정수물에 깨끗이 씻은 뒤 물을 넣고 30분 정도 불린다. (여름 30분, 겨울 1시간)

2. 불린 쌀 위에 연어를 올려 밥을 짓는다.

3. 밥이 다 되면 생들기름, 소금을 모두 넣고 주걱을 세워 살살 섞는다.

3주차 메뉴

아침	저녁

양배추토스트

삼치간장조림

돼지고기두부덮밥

로스트치킨

치킨마요덮밥

무버섯밥

방울토마토샐러드

샤브샤브

채소죽

아란치니

🧺 3주차 장보기

주재료	구매량
식빵	1봉지
양배추	1통(1kg내외)
당근(3, 4주)	500g(3개)
달걀	10개
버터	2주에 구매
삼치	1미(600g)
돼지고기 다짐육	2주에 구매
두부	2모
생닭	1kg(1마리)
양파(3, 4주)	1망(4개)
느타리버섯	2팩(400g)
무	1주에 구매
방울토마토	1팩(500g)
레몬	1개
생바질	10g
샤브샤브용 소고기	600g
청경채	200g
팽이버섯	200g
숙주	200g
배추	1통(500g)
국물용 멸치	200g
마늘(3, 4주)	200g
모차렐라치즈	100g
유기농 토마토소스	400g
빵가루	190g

부재료
비정제원당
소금
후추
전분가루
올리브유
비정제원당 시럽
간장
맛술
생강청
다진 마늘
생들기름
굴소스
마요네즈
다진 대파
참기름
고춧가루
다시마
깨
발사믹식초
대파 뿌리
식초
밀가루
허브가루(선택)
파슬리가루(선택)
파마산치즈(선택)
어린잎채소(선택)

양배추토스트 (아침)

🥣 재료

식빵 8장
양배추 1/2통
당근 1/2개
달걀 3개
버터 20g
비정제원당 4t
소금 1t
후추 1t

🍳 만드는 법

1. 양배추와 당근을 채 썰어 준비한다.

2. 볼에 달걀 2개를 깨트려 넣고 채 썬 양배추, 당근과 소금, 후추를 넣어 잘 섞는다.

3. 팬에 버터를 두르고 식빵을 앞뒤로 노릇하게 굽는다.

4. 구운 식빵이 눅눅해지지 않게 잠시 세워둔다.

5. 버터를 두른 팬에 양배추 달걀물을 붓고 두툼하게 모양을 잡아가며 굽는다.

6. 구운 식빵 한 장에 달걀 속을 올리고 비정제원당을 솔솔 뿌린 뒤 나머지 식빵 한 장을 위에 덮는다.

삼치간장조림 저녁

 재료

삼치 1미
전분가루 4T (또는 쌀가루, 박
력분)
올리브유 2T

간장 소스

비정제원당 시럽 3T
간장 3T
맛술 3T
생강청 1/2t (또는 생강즙)
물 3T

만드는 법

1. 삼치를 흐르는 물에 깨끗이 씻어준다.

2. 삼치의 물기를 제거한 후 전분가루를 앞뒤로 골고루 묻힌다.

3. 예열한 팬에 올리브유를 두르고 삼치를 10~15분 정도 굽는다.

4. 간장 소스 재료를 한데 모두 넣고 섞어 삼치 위로 붓는다.

5. 약불로 줄이고 소스를 골고루 끼얹으면서 5분간 조린다.

재료

돼지고기 다짐육 150g
밥 3~4공기 (500g 내외)
두부 1모
다진 마늘 1t
올리브유 2T
생들기름 1T
맛술 1T
간장 1T
굴소스 1T
전분가루 1/2컵
물 1T
비정제원당 1T
소금 1/2t
후추 1/2t

만드는 법

1. 돼지고기 다짐육에 다진 마늘, 맛술을 모두 넣고 소금, 후추로 밑간 해준다.

2. 두부를 크게 깍둑썰고 전분가루를 골고루 묻힌다.

3. 예열한 팬에 올리브유 1T을 두르고 두부를 튀기듯이 바삭하게 구워 준다.

4. 팬에 올리브유1T을 다시 두르고 밑간한 돼지고기를 볶는다.

5. 볶은 돼지고기에 간장, 굴소스, 물, 비정제원당을 팬에 추가해 더 볶 아준다.

6. 그릇에 밥을 담고 볶은 돼지고기와 두부를 올린 뒤 생들기름을 둘러 준다.

로스트치킨

🥣 재료

생닭 1마리
올리브유 3T
소금 1t
후추 1t
허브가루 1t (선택)

👨‍🍳 만드는 법

1. 닭을 키친타월로 깨끗하게 닦은 뒤 꽁지와 날개 뒷부분, 배 안쪽 지방을 제거한다.

2. 올리브유와 소금, 후추, 허브가루를 한데 모두 섞어 양념을 만든다.

3. 물기를 닦은 닭 전체에 양념을 골고루 바른다.

4. 200도로 예열한 오븐에 40분 굽다가 150~170도로 온도를 낮춰 20분 더 굽는다.

💬 **Tip** ---

자투리 채소를 구워서 함께 곁들여도 좋아요! 오븐은 브랜드마다 기능에 차이가 있으니 굽는 중간에 요리 상태를 확인한 후 시간과 온도를 조절해주세요.

 아침 **치킨마요덮밥**

 재료

로스트 치킨 200g
밥 3~4공기 (500g 내외)
달걀 2개
양파 1개
마요네즈 4T
올리브유 2T
어린잎채소 40g (선택)

간장 소스
간장 2T
물 2T
비정제원당 1T

💬 **Tip**

닭가슴살, 닭안심살로도 간단
하게 만들 수 있어요!

🍳 **만드는 법**

1. 전날 만든 로스트치킨의 살을 발라준다.

2. 간장 소스 재료를 한데 모두 넣고 섞는다.

3. 달걀을 깨트려 풀어준다.

4. 양파는 채 썰어 준비한다.

5. 예열한 팬에 올리브유 1T을 두르고 달걀물을 넣어 달걀 스크램블을 만든다.

6. 올리브유 1T을 더 두르고 채 썬 양파를 볶다가 투명해지면 간장 소스를 넣고 잘 섞어준다.

7. 그릇에 밥을 담고 볶은 양파와 치킨 살을 올리고 테두리에 달걀 스크램블과 어린잎채소를 둘러준다.

8. 마요네즈를 지그재그로 뿌려 완성한다.

무버섯밥

 재료

느타리버섯 100g (또는 다른
버섯도 가능)
쌀 2컵
무 1/4토막
다시마 2장
물 1.5컵

양념장 (선택)
다진 마늘 1/2t
다진 대파 2T
간장 4T
참기름 1T
맛술 1T
비정제원당 1t
고춧가루 1T
깨 1t

만드는 법

1. 쌀을 정수물에 깨끗하게 씻은 뒤 물을 넣고 30분 정도 불려둔다. (여름 30분, 겨울 1시간)

2. 느타리버섯을 먹기 좋게 찢어주고 무는 채 썬다.

3. 불린 쌀 위에 다시마, 느타리버섯, 무를 올려 밥을 짓는다.

4. 양념장 재료를 한데 모두 섞은 뒤 밥에 비벼 먹는다.

방울토마토샐러드

재료

방울토마토 30알
양파 1/4개
생바질 10g (선택)

드레싱
레몬 1/2개
올리브유 5~6T
발사믹식초 2T
비정제원당 시럽 1T
소금 1/2t
후추 1/2t

만드는 법

1. 방울토마토 아랫 부분에 십자로 칼집을 넣는다.

2. 끓는 물에 방울토마토를 살짝 데친 뒤 얼음물에 재빨리 담가 껍질을 벗긴다.

3. 레몬은 즙을 짜고 씨를 걸러낸다.

4. 드레싱 재료를 한데 모두 넣고 섞는다.

5. 양파와 바질을 다져준다.

6. 껍질 벗긴 방울토마토를 용기에 담고, 드레싱과 다진 양파, 바질을 모두 넣어준다.

7. 아래에서 위로 가볍게 섞은 뒤 뚜껑을 덮어 냉장 보관한다.

Tip

방울토마토샐러드는 차갑게 먹으면 훨씬 맛있어요!

샤브샤브

재료

샤브샤브용 소고기 600g
청경채 150g
팽이버섯 200g
느타리버섯 100g
숙주 200g
배추 4~5장
간장 2T
소금 1t

멸치다시마육수
국물용 멸치 20g
무 1/4 토막
다시마 2장
마늘 4쪽
대파 뿌리 1개

간장 소스
간장 3T
식초 1T
물 5T
비정제원당 1T

만드는 법

1. 냄비에 멸치다시마육수 재료를 모두 넣고 30분 정도 넉넉한 양으로 끓인다.

2. 버섯과 배추를 먹기 좋은 크기로 자른다.

3. 숙주나물을 씻어서 체에 받쳐 물기를 뺀다.

4. 청경채는 밑동을 자르고 한 장씩 떼어낸다.

5. 육수가 완성되면 재료를 건져내고 간장, 소금을 넣어 간을 맞춘다.

6. 손질한 채소, 버섯, 소고기를 취향껏 넣어준다.

7. 간장 소스 재료를 한데 모두 넣고 섞은 뒤 익은 채소와 고기에 곁들인다.

Tip
멸치다시마육수 2컵은 덜어서 다음 날 아침 메뉴에 활용합니다.

🧑‍🍳 아침 채소죽

 재료

찬밥 2공기 (200g)
느타리버섯 30g
청경채 30g
배추 30g
샤브샤브 육수 2컵
물 1컵
생들기름 4t
소금 1t
깨 1t

 만드는 법

1. 느타리버섯, 청경채, 배추를 잘게 다져 준비한다.

2. 냄비에 샤브샤브 육수와 물을 넣고 끓인다.

3. 육수가 끓으면 중불로 줄이고 찬밥과 다진 채소들을 넣는다.

4. 중약불에서 바닥에 눌어붙지 않게 저어주면서 끓인다.

5. 밥알이 어느 정도 퍼지고 채소가 다 익으면 소금으로 간을 맞춘다.

6. 완성된 죽을 그릇에 담아 생들기름과 깨를 뿌린다.

아란치니

🍲 재료

찬밥 2공기 (200g)
양파 1/4개
당근 1/4개
양배추 1/6통
달걀 2개
모차렐라치즈 100g
올리브유 4T
유기농 토마토소스 1컵
밀가루 1/2컵
빵가루 2컵
소금 1t
후추 1t
파슬리가루 1t (선택)
파마산치즈 1T (선택)

💬 Tip

남는 해산물, 돼지고기, 닭고기
등이 있다면 활용해보세요!

🍳 만드는 법

1. 양파, 당근, 양배추를 작게 잘라 올리브유를 두른 팬에 볶는다.

2. 달걀은 깨트려 풀어준다.

3. 볼에 찬밥과 볶은 채소를 담고 모차렐라치즈, 소금, 후추를 모두 넣어 잘 섞는다.

4. 밥을 먹기 좋은 크기로 동그랗게 뭉쳐 밀가루, 달걀물, 빵가루 순으로 묻힌다.

5. 솔을 이용해 밥에 올리브유를 골고루 바른다.

6. 200도로 예열한 오븐이나 에어프라이어, 또는 올리브유를 넉넉히 두른 팬에서 10분 동안 굽는다.

7. 넓은 그릇에 토마토소스를 담고 구운 아란치니를 올린다.

4주차 메뉴

아침	저녁

그릭요거트와 그래놀라

토마토달걀볶음

불고기주먹밥

치킨샌드위치

구운 바나나와 프렌치토스트

간장불고기

연어스테이크덮밥

양배추덮밥

두부동그랑땡

치킨데리야끼와 양배추구이

🧺 4주차 장보기

주재료	구매량
우유	1L
농후발효유	1개
오트밀	500g
호두(또는 다른 견과류)	100g
아몬드 (또는 다른 견과류)	180g
돼지고기 앞다리살	1kg
양파	3주에 구매
당근	3주에 구매
대파	300g
토마토	1kg(6개)
달걀	10개
연어	800g
유기농 채소믹스	600g
소고기 다짐육	150g
브로콜리	200g
돼지고기 다짐육	300g
양배추	1통(1kg 내외)
닭가슴살	1팩(3~4조각)
깜빠뉴	1개(약 8조각)
사과	1.5kg(6~8개)
청상추	120g
슬라이스치즈	5장
두부	2모
바게트	1개
바나나	1팩(3~4개)
버터	2주에 구매
정육 닭	700g
제철 과일(선택)	적당량

부재료
올리브유
비정제원당 시럽
비정제원당
소금
다진 마늘
다진 대파
간장
참기름
맛술
굴소스
후추
깨
마요네즈
홀그레인 머스터드
부침가루
시나몬가루
허브가루(선택)

그릭요거트와 그래놀라

아침

 재료

요거트메이커
우유 900ml
농후발효유 1병 (또는 요거트
스타터)
제철 과일 (선택)

 그래놀라
오트밀 2컵
호두 90g (또는 다른 견과류)
아몬드 90g (또는 다른 견과류)
올리브유 4T
비정제원당 시럽 2T
비정제원당 1T
소금 1t

만드는 법

그릭요거트

1. 수제 요거트를 만들어준다. (54쪽 참고)

2. 만든 요거트를 면보에 싸주고 아래 큰 그릇을 받친 뒤 면보로 싼 요거트 위에 무거운 그릇을 올린다.

3. 그대로 냉장고에 넣어 6시간 정도 유청을 분리해준다.

그래놀라

1. 호두, 아몬드를 굵게 다진다.

2. 넓은 볼에 오트밀, 다진 견과류를 넣고 올리브유, 비정제원당 시럽, 비정제원당, 소금을 모두 넣어 잘 버무린다.

3. 오븐용 팬에 겹치지 않게 잘 펼친 후 150도로 예열한 오븐에 10~20분간 구운 뒤 꺼내서 골고루 섞어 10분 더 굽는다.

4. 완성된 그릭요거트에 그래놀라와 제철 과일을 곁들여 먹는다.

간장불고기 저녁

재료

돼지고기 앞다리살 1kg (또는
뒷다리살)
양파 1개
당근 1/2개
대파 1대

간장 양념

다진 마늘 1T
다진 대파 2T
간장 6T
참기름 2T
맛술 6T
굴소스 2T
비정제원당 2T
후추 1/2t

만드는 법

1. 간장 양념 재료를 한데 모두 넣고 섞는다.

2. 돼지고기를 적당한 크기로 썰어 간장 양념에 20분 정도 재워둔다.

3. 양파와 당근을 채 썰어준다.

4. 대파는 어슷하게 썰어준다.

5. 예열한 팬에 고기를 넣고 볶다가 반쯤 익으면 손질한 양파와 대파,
   당근을 넣고 볶아준다.

6. 채소에서 나온 물이 반쯤 졸아들 때까지 볶는다.

토마토달걀볶음

재료

토마토 2개
달걀 4개
대파 1/4대
올리브유 1T
맛술 1T
소금 1/2t
후추 1/2t

만드는 법

1. 토마토를 먹기 좋은 크기로 자르고, 파를 송송 썰어준다.

2. 달걀을 깨트려 맛술을 넣고 잘 풀어준다.

3. 예열한 팬에 올리브유를 두르고 파를 볶는다.

4. 파기름 향이 올라오면 토마토를 넣고 살살 볶는다.

5. 토마토가 익으면 팬 한쪽으로 밀고 달걀물을 넣어 달걀 스크램블을 만든다.

6. 달걀 스크램블이 80% 정도 익었을 때 토마토와 함께 볶는다.

7. 소금, 후추를 넣어 간을 맞춰준다.

재료

연어 800g
밥 3~4공기 (500g 내외)
유기농 채소믹스 200g
올리브유 1T
소금 1t
후추 1t
허브가루 1t (선택)

만드는 법

1. 연어에 올리브유를 골고루 바르고 소금 1/2t, 후추 1/2t, 허브가루를 모두 뿌려 잠시 둔다.

2. 오븐용 용기에 종이 포일을 깔고 연어를 올린다.

3. 빈 곳에 유기농 채소믹스를 올리고 올리브유, 소금 1/2t, 후추 1/2t를 골고루 뿌린다.

4. 종이 포일을 덮어 밀봉한 후 180도로 예열한 오븐에 20분 굽는다.

5. 그릇에 밥을 담고 연어스테이크와 채소를 올린다.

 Tip

집에 있는 자투리 채소를 활용해보세요. 만약 오븐이 없다면 180도로 예열한 에어프라이어에 15~20분 정도 구워주면 됩니다. 중간에 한 번씩 확인하며 구워주세요!

불고기주먹밥

재료

소고기 다짐육 150g (또는 불고기용 소고기)
밥 3~4공기 (500g 내외)
양파 1/4개
당근 1/4개
브로콜리 1/4개
올리브유 1/2T
소금 1/2t

불고기 양념
다진 마늘 1/2T
다진 대파 2T
간장 2T
참기름 1T
비정제원당 1T
후추 1/2t
깨 1/2t

만드는 법

1. 소고기 다짐육에 불고기 양념 재료를 모두 넣고 잘 섞어 잠시 둔다.

2. 양파, 당근, 브로콜리를 작게 다져 준비한다.

3. 예열한 팬에 올리브유를 두르고 재워둔 고기를 볶는다.

4. 소고기가 익으면 다진 채소를 넣고 볶는다.

5. 볼에 밥을 담아 소금으로 밑간을 한 뒤 볶은 소고기와 채소를 넣고 잘 섞어준다.

6. 밥을 적당한 크기로 동그랗게 뭉쳐준다.

🍳 저녁 양배추덮밥

 재료

돼지고기 다짐육 150g
양배추 1/2통
밥 3~4공기 (500g 내외)
대파 1/4대
올리브유 1T
굴소스 1T
간장 1/2T
물 2T
비정제원당 1/2T

 만드는 법

1. 양배추는 채 썰고, 파를 송송 썰어준다.

2. 예열한 팬에 올리브유를 두르고 파를 볶는다.

3. 파기름 향이 올라오면 돼지고기 다짐육을 넣고 바짝 익혀 볶는다.

4. 채 썬 양배추를 넣고 숨이 죽을 때까지 볶아준다.

5. 굴소스, 간장, 물, 비정제원당을 한데 모두 섞어서 팬에 붓고 윤기가
   날 때까지 볶는다.

6. 그릇에 밥을 담고 그 위에 볶은 재료들을 올려준다.

치킨샌드위치

 재료

삶은 닭가슴살 4조각
깜빠뉴 8조각
토마토 2개
사과 2개
청상추 8장
슬라이스치즈 4장
마요네즈 8T
홀그레인 머스터드 4T

만드는 법

1. 깜빠뉴를 약불에 살짝 굽는다.

2. 토마토는 슬라이스한 뒤 키친타월에 수분을 제거한다.

3. 삶은 닭가슴살을 먹기 좋게 찢어준다.

4. 사과를 얇게 슬라이스한다.

5. 마요네즈, 홀그레인 머스터드를 한데 모두 섞어 소스를 만든다.

6. 구운 깜빠뉴 한쪽에 소스를 바르고 치즈, 청상추, 토마토 슬라이스, 사과 슬라이스, 닭가슴살 순으로 올린다.

7. 다른 깜빠뉴 한쪽에 소스를 발라 위에 덮어준다.

🧑‍🍳 저녁 **두부동그랑땡**

 재료

두부 1모
달걀 1개
당근 1/4개
양파 1/4개
브로콜리 1/4개
올리브유 1T
부침가루 3T
소금 1/2t

 만드는 법

1. 두부의 물기를 꼭 짜서 으깬다.

2. 당근, 양파, 브로콜리를 잘게 다져 준비한다.

3. 달걀을 깨트려 풀어준다.

4. 볼에 으깬 두부와 다진 채소를 담고 부침가루, 소금을 모두 넣어 잘 섞어준다.

5. 적당한 크기로 반죽을 떼어 동그랗게 빚는다.

6. 예열한 팬에 올리브유를 두르고 중약불로 낮춘다.

7. 동그랗게 빚은 반죽에 달걀물을 입혀서 앞뒤로 노릇하게 부친다.

💬 **Tip**

부침가루가 없을 때는 통밀가루, 전분가루, 밀가루 등 다른 가루를 사용해도 괜찮아요!

106

구운 바나나와 프렌치토스트

재료

바게트 8개
바나나 2개
달걀 2개
버터 10g
우유 1/2컵
시나몬가루 1t
소금 1/2t

만드는 법

1. 볼에 달걀을 깨트려 우유, 소금, 시나몬 가루를 모두 넣고 섞는다.

2. 바게트를 달걀물에 앞뒤로 적셔 잠시 둔다.

3. 바나나의 껍질을 벗겨 반으로 자른다.

4. 예열한 팬에 버터를 녹인 뒤 바나나와 바게트를 넣고 중약불에서 천천히 구워준다.

5. 노릇하게 골고루 잘 익힌 바나나를 바게트에 올려 먹는다.

치킨데리야끼와 양배추구이

재료

정육 닭 700g
대파 1/2대
마늘 5쪽
양배추 1/2통
올리브유 1T
소금 1/2ts
후추 1/2ts

데리야끼 양념
비정제원당 시럽 2T
간장 2T
맛술 2T

만드는 법

1. 데리야끼 양념 재료를 한데 모두 넣고 섞는다.

2. 마늘을 반으로 자르고 파는 길게 잘라준다.

3. 아무것도 두르지 않고 예열한 팬에 닭의 껍질이 바닥에 오게 두고 노릇하게 굽는다.

4. 닭 껍질에서 기름이 나오면 파, 마늘을 모두 넣는다.

5. 한쪽 면이 갈색으로 노릇해지면 뒤집어서 반대쪽을 굽다가 적당한 크기로 자른다.

6. 중약불로 줄이고 팬에 데리야끼 양념을 부어 닭이 윤기가 날 때까지 앞뒤로 졸인다.

7. 양배추를 큼직하게 잘라 올리브유를 구석구석 골고루 뿌려준다.

8. 예열한 팬에 양배추를 올리고 소금, 후추로 간을 한 뒤 뚜껑을 덮어 익힌다.

9. 양배추구이를 치킨데리야끼에 곁들여 먹는다.

Tip

청경채, 감자, 당근 등의 자투리 채소가 있으면 함께 활용해보세요!

2개월 밥상 차리기

🍽 1주차 메뉴

아침

에그샌드위치

나물주먹밥

돈가스샌드위치

오이달걀김밥

사과오픈토스트

저녁

수제돈가스

비지찌개

양파카레

냉이된장찌개

돼지갈비찜

🧺 1주차 장보기

주재료	구매량
달걀	20개
통밀식빵	2봉지
돈가스용 돼지고기 등심	1kg
밀가루	1개월에 구매
빵가루	1개월에 구매
비름나물	100g
콩비지	1팩(300g)
돼지고기 앞다리살	300g
양배추	1통(1kg 내외)
청상추	120g
카레가루	1봉지(100g)
양파	1망(4개)
우유	200ml
김밥용 김	10장
오이	2개
냉이	50g
바지락	1봉지(500g)
두부	2모
감자	500g(4~5개)
애호박	1개
대파(1, 2주)	500g
깜빠뉴	1개(약 8조각)
사과	1.5kg(6~8개)
크림치즈	200g
찜용 돼지갈비	1kg
무(1, 2주)	1kg 내외
마늘(1, 2주)	200g

부재료
마요네즈
머스터드소스
비정제원당 시럽
소금
후추
올리브유
생들기름
깨
김치
다진 마늘
다진 대파
새우젓 (또는 멸치액젓)
김칫국물
고춧가루
돈가스소스
된장
시나몬가루
간장
참기름
비정제원당

에그샌드위치

재료

달걀 8개
통밀식빵 8장
마요네즈 6T
머스터드소스 1T
비정제원당 시럽 1T
소금 1/2t
후추 1/2t

만드는 법

1. 달걀은 모두 실온에 꺼내어 찬 기를 빼준다.

2. 냄비에 물과 소금을 넣고 끓인다.

3. 물이 끓기 시작하면 달걀을 넣고 7분 동안 삶는다.

4. 볼에 삶은 달걀을 넣고 으깨어준다.

5. 으깬 달걀에 마요네즈, 머스터드소스, 비정제원당 시럽, 소금, 후추를 모두 넣고 잘 버무린다.

6. 식빵 사이에 달걀 샐러드를 채워 완성한다.

수제돈가스

 재료

돈가스용 돼지고기 등심 1kg
달걀 4개
올리브유 7T
밀가루 1컵
빵가루 3컵
소금 1T
후추 1T

만드는 법

1. 돈가스용 돼지고기 등심을 소금, 후추로 밑간한다.

2. 달걀을 깨트려 풀어준다.

3. 밑간한 돼지고기를 밀가루, 달걀물, 빵가루 순으로 묻혀 튀김 옷을 입힌다.

4. 예열한 팬에 올리브유를 두르고 튀김 옷을 입힌 고기를 중불에 앞뒤로 20분 정도 익힌다.

Tip

• 빵가루가 없다면 집에 있는 식빵을 갈아 쓰거나, 아몬드 가루, 오트밀을 사용해도 좋아요.
• 만든 돈가스 4개는 냉동 보관하여 돈가스샌드위치(118쪽)에 활용합니다.

아침 나물주먹밥

재료

비름나물 100g
밥 3~4공기 (500g 내외)
생들기름 2T
소금 1t
깨 1t

만드는 법

1. 비름나물의 두꺼운 줄기 부분을 떼어낸다.

2. 끓는 물에 소금을 살짝 넣고 비름나물을 30초 정도 데친다.

3. 데친 비름나물을 찬물에 빠르게 넣어 식히고 물기를 짜준다.

4. 비름나물을 총총 썰어 볼에 담고 소금 1/2t, 깨 1/2t, 생들기름 1T을
   모두 넣고 무친다.

5. 볼에 밥을 넣고 소금 1/2t, 깨 1/2t, 생들기름 1T을 넣어 비름나물무
   침과 함께 골고루 섞어준다.

6. 동그랗게 한입 크기로 뭉쳐 완성한다.

Tip

먹고 남은 다른 나물 반찬을
활용해도 좋아요.

비지찌개

 재료

콩비지 300g

돼지고기 앞다리살 300g (또
는 찌개용 돼지고기, 삼겹살, 돼
지고기 다짐육, 목살)

김치 300g

다진 마늘 1/2T

다진 대파 1T

새우젓 (또는 액젓) 1T

김칫국물 3T

소금 1/2t

고춧가루 1T (선택)

만드는 법

1. 돼지고기 앞다리살과 김치를 잘게 자른다.

2. 냄비에 돼지고기를 넣고 볶다가 어느 정도 익으면 김치를 넣고 볶아
   준다.

3. 김치가 익으면 준비한 새우젓과 김칫국물을 모두 넣고 고기가 완전
   히 익을 때까지 볶아준다. (매콤한 맛을 가미하고 싶다면 고춧가루 추가)

4. 재료가 잠길 정도로 물을 붓고 한소끔 끓으면 콩비지를 넣어 약불로
   푹 끓여준다.

5. 다진 대파, 다진 마늘을 모두 넣고 부족한 간은 소금을 넣어 맞추어
   완성한다.

아침 돈가스샌드위치

 재료

수제돈가스 4개
통밀식빵 8장
양배추 1/4통
청상추 4장
올리브유 4T
돈가스소스 4T
마요네즈 4T

만드는 법

1. 양배추를 한 장씩 뜯어 물에 씻은 뒤 얇게 채 썰어준다.

2. 청상추를 물에 씻은 뒤 물기를 제거한다.

3. 아무것도 두르지 않은 팬에 식빵을 앞뒤로 구워준다.

4. 팬에 올리브유를 두르고 돈가스를 앞뒤로 튀기듯이 굽는다.

5. 빵의 한쪽 면에 마요네즈를 바른 뒤 청상추, 채 썬 양배추, 돈가스를 올리고 돈가스소스를 뿌린다.

6. 남은 빵 한쪽 면에 마요네즈를 발라 위에 덮는다.

양파카레 저녁

재료

카레가루 100g
양파 3개
우유 1/4컵
올리브유 1T

🍳 만드는 법

1. 양파를 얇게 채 썰어준다.

2. 냄비에 올리브유를 두르고 중불에서 채 썬 양파가 갈색이 될 때까지 볶는다.

3. 카레 설명서에 표기된 양에 맞춰 물을 넣고 끓인다.

4. 물이 끓으면 카레가루를 넣고 잘 섞어 풀어준다.

5. 카레가 끓으면 불을 끄고 우유를 넣어 섞는다.

💬 Tip

달걀을 반숙으로 삶거나 프라
이해서 곁들여도 좋아요!

 오이달걀김밥

 재료

김밥용 김 4장
밥 3~4공기 (500g 내외)
오이 2개
달걀 4개
생들기름 1t
소금 1/2t
깨 1/2t

 만드는 법

1. 오이는 껍질과 씨를 제거한 뒤 채 썬다.

2. 달걀을 깨트려 잘 풀어주고 지단을 부친다.

3. 달걀 지단을 한 김 식힌 뒤 돌돌 말아 채 썰어준다.

4. 볼에 밥을 담고 소금, 깨, 생들기름을 넣어 골고루 섞는다.

5. 김밥용 김 위에 밥을 펼쳐 채 썬 오이와 달걀 지단을 올리고 김을 돌돌 말아 완성한다.

Tip

오이 껍질과 씨를 제거하면 소화에 도움을 줍니다.

냉이된장찌개 저녁

 재료

바지락 500g
냉이 50g
두부 1/2모
감자 1개
애호박 1/2개
양파 1/4개
대파 1/4대
물 4컵
된장 2T
다진 마늘 1/2T
고춧가루 1/2t

💬 Tip

바지락을 넣어주면 따로 육수
를 내지 않아도 맛있는 된장찌
개를 만들 수 있어요!

🍳 만드는 법

1. 흐르는 물에 바지락을 비벼 깨끗이 씻은 후 소금물에 담가 어두운 곳에서 2~3시간 해감한다.

2. 냉이의 무른 잎을 떼어내고 칼로 뿌리 부분을 긁어내 다듬어준다.

3. 냉이를 흐르는 물에 씻어주고 먹기 좋은 크기로 잘라 준비한다.

4. 두부, 감자, 애호박, 양파를 한입 크기로 자르고, 대파를 송송 썬다.

5. 냄비에 물을 넣고 끓이다 된장을 푼다.

6. 감자, 애호박, 양파를 넣고 더 끓인다.

7. 감자가 익으면 두부, 대파, 다진 마늘, 고춧가루를 넣고 함께 끓인다.

8. 바지락, 냉이를 넣어 한소끔 더 끓여준다.

사과오픈토스트

 재료

깜빠뉴 4조각
사과 2개
크림치즈 8T
시나몬가루 1t
장식용 타임 1줄기 (선택)

만드는 법

1. 아무것도 두르지 않은 팬에 약불로 깜빠뉴 앞뒤를 구워준다.

2. 사과를 얇게 슬라이스한다.

3. 깜빠뉴 한쪽 면에 크림치즈를 골고루 바르고 슬라이스한 사과를 올려준다.

4. 시나몬가루를 뿌리고 장식용 타임을 올려준다.

 Tip

사과는 시나몬가루와 잘 어울려요! 사과가 아닌 다른 제철 과일로 대체해도 좋습니다.

123

돼지갈비찜

 재료

찜용 돼지갈비 1kg
무 1/3토막
양파 1/2개
대파 1/2대
물 1컵
깨 1t

양념장

다진 대파 2T
다진 마늘 1T
비정제원당 시럽 3T
간장 9T
참기름 1T
비정제원당 3T
후추 1/2t

만드는 법

1. 돼지갈비를 찬물에 1~2시간 정도 담가 핏물을 빼준다.

2. 무, 양파를 큼직하게 자르고, 무의 모서리를 돌려 깎는다.

3. 대파를 어슷하게 썰어준다.

4. 양념장 재료를 한데 넣고 섞어 양념장을 만든다.

5. 냄비에 핏물을 뺀 돼지갈비와 양념장, 물을 넣고 강불에서 끓인다.

6. 끓으면 무를 넣고 중불에서 30분 정도 더 푹 끓인다.

7. 무가 익으면 양파와 대파를 넣고 국물이 자작해질 때까지 졸인다.

8. 그릇에 돼지갈비찜을 담고 깨를 뿌려 완성한다.

 Tip

돼지갈비의 핏물을 뺄 때는 중간에 물을 한 번 갈아주세요.

125

2주차 메뉴

아침

감자콩나물밥

감자샌드위치

브로콜리감자수프

플레인스콘

닭죽

저녁

간장찜닭

들깨미역국

콩나물불고기

닭곰탕

찹스테이크

🧺 2주차 장보기

주재료	구매량
감자	500g(4~5개)
콩나물	600g
정육 닭	1kg
당면	500g
식빵	1봉지
오이	2개
청상추	120g
버터	1개월에 구매
건미역(2, 4주)	150g
브로콜리	200g
양파(2, 3주)	1망(4개)
생크림	200ml
우유	500ml
대패삼겹살	600g
박력분	1개월에 구매
생닭	1kg
무	1주에 구매
찹쌀	500g
부추(2, 3주)	170g
당근(2, 3주)	500g(4~5개)
소고기 등심	400g
파프리카	2개

부재료
다진 마늘
간장
맛술
비정제원당
마요네즈
홀그레인 머스터드
소금
비정제원당 시럽
후추
쌀뜨물
멸치액젓
들깻가루
올리브유
고추장
고춧가루
베이킹파우더
통후추
생들기름
스테이크소스
유기농 토마토소스
굴소스
청양고추(선택)

아침 감자콩나물밥

재료

감자 2개
콩나물 150g
쌀 1.5컵
물 1.5컵

만드는 법

1. 쌀을 정수물에 깨끗하게 씻은 뒤 물을 넣고 30분 정도 불린다. (여름 30분, 겨울 1시간)

2. 콩나물을 깨끗하게 씻어준다.

3. 감자를 큼직하게 자르고 모서리 부분을 돌려 깎는다.

4. 불린 쌀 위에 콩나물과 감자를 올려 밥을 짓는다.

간장찜닭

 재료

정육 닭 1kg
당면 200g
청양고추 1개 (선택)

양념장
다진 마늘 2T
간장 6T
맛술 2T
비정제원당 3T

만드는 법

1. 정육 닭을 끓는 물에 데친 뒤 흐르는 물에 씻어 불순물을 제거한다.

2. 냄비에 데친 닭과 양념장 재료를 모두 넣고 센 불에서 끓인다. (매콤한 맛을 가미하고 싶다면 청양고추 추가)

3. 끓기 시작하면 중불로 줄이고 닭의 표면이 익을 때까지 더 끓인다.

4. 당면을 끓는 물에 삶아 준비한다.

5. 냄비의 양념장이 반으로 졸았을 때 삶은 당면을 넣고 양념이 스며들 때까지 골고루 섞어준다.

감자샌드위치 아침

재료

감자 2개
식빵 8장
오이 1/2개
청상추 (또는 로메인) 8장
마요네즈 2T
홀그레인 머스터드 1/2T
소금 1/2t

감자샐러드소스
버터 15g
마요네즈 5T
머스터드소스 1T
비정제원당 시럽 1T
소금 1/2t
후추 1/2t

만드는 법

1. 감자는 껍질을 벗겨 4등분하고 20분 동안 쪄준다.

2. 오이를 반으로 자르고 얇게 썰어준 뒤 소금에 10분 정도 절였다가 물기를 제거한다.

3. 찐 감자가 아직 뜨거운 상태에서 버터, 소금, 후추를 모두 넣어 감자를 잘 으깨며 섞어준다.

4. 으깬 감자와 절인 오이, 감자샐러드소스 중 남은 재료를 모두 넣고 섞어 감자샐러드를 만든다.

5. 다른 볼에 마요네즈, 홀그레인 머스터드를 모두 넣고 섞어 스프레드를 만든다.

6. 빵 한쪽 면에 스프레드를 바른 뒤 청상추, 감자샐러드를 올리고 남은 빵 한쪽 면에 스프레드를 발라 위에 덮어준다.

들깨미역국 （저녁）

 재료

건미역 30g
쌀뜨물 6컵
멸치액젓 1T
들깻가루 4T
소금 1t

만드는 법

1. 건미역을 물에 불린다.

2. 불린 미역을 물에 씻고 적당한 크기로 자른다.

3. 냄비에 쌀뜨물을 붓고 자른 미역을 넣어 끓인다.

4. 강불에서 물이 끓으면 중불로 낮추고 20분간 더 끓여준다.

5. 충분히 끓인 미역국에 들깻가루를 모두 넣고 멸치액젓, 소금으로 간을 맞춘다.

 브로콜리감자수프

 재료

브로콜리 1개
감자 1개
양파 1/2개
생크림 1컵
우유 2컵
올리브유 1T (또는 버터)
소금 1/2t
후추 1/2t
파마산치즈 1T (선택)

Tip

생크림이 없을 땐 우유를 3컵
넣고 끓여주세요.

만드는 법

1. 브로콜리를 깨끗하게 씻어 적당한 크기로 자른다.

2. 감자를 얇게 썰고, 양파를 채 썰어준다.

3. 냄비에 올리브유를 두른다.

4. 손질한 양파, 감자를 냄비에 넣고 소금, 후추를 모두 넣어 볶는다.

5. 물을 채소의 두 배 정도 넣고 끓인다.

6. 물이 끓으면 손질한 브로콜리를 넣어 중불에서 채소가 익을 때까지
   끓인다.

7. 삶은 채소들을 한 김 식혀 블렌더로 갈아준다.

8. 냄비에 생크림과 우유의 비율을 1:2로 넣고 갈아놓은 채소와 함께
   약불에서 저어주면서 끓인다.

9. 부족한 간은 소금, 후추로 맞추고 파마산치즈를 위에 뿌려준다.

콩나물불고기

🍲 **재료**

콩나물 300g
대패삼겹살 600g (또는 샤브
용 목살)

양념장
다진 마늘 2T
고추장 1T
간장 2T
비정제원당 2T
고춧가루 2T

👨‍🍳 **만드는 법**

1. 콩나물을 물에 깨끗하게 씻는다.

2. 깊은 냄비 바닥에 씻은 콩나물을 깔고 그 위에 준비한 고기를 얹어
   준다.

3. 양념장 재료를 한데 넣고 섞은 뒤 고기 위에 뿌린다.

4. 냄비 뚜껑을 덮어 익혀준다.

5. 콩나물에서 수분이 나오면 뚜껑을 열고 골고루 섞어 볶는다.

재료

박력분 190g
비정제원당 3T
베이킹파우더 1t
버터 60g
우유 6T
소금 1/3t

만드는 법

1. 모든 재료를 냉장 보관하여 차가운 상태로 준비한다.

2. 볼에 박력분, 비정제원당, 베이킹파우더, 소금을 모두 넣고 섞는다.

3. 버터를 작은 큐브로 잘라 볼에 넣고 손으로 밀듯이 펴주며 가루 재료들과 골고루 섞는다.

4. 입자가 고슬고슬해질 때까지 재료들을 잘 섞고, 반죽을 쥐었을 때 뭉쳐지는지 확인한다.

5. 반죽에 우유를 넣고 주걱을 이용해 11자로 가르듯이 섞어준다.

6. 어느 정도 뭉쳐지면 손으로 눌러가면서 바닥에 남은 가루를 반죽에 붙여준다는 느낌으로 한 덩어리를 만든다.

7. 반죽을 반으로 접고 다시 한 번 반으로 접는다.

8. 두께 2cm 정도 크기로 반죽의 모양을 동그랗게 잡은 후 지퍼백이나 밀폐용기에 담아 최소 1시간 이상 냉장 숙성시킨다.

9. 숙성시킨 반죽을 6등분으로 잘라 오븐용 팬에 올리고 180도로 예열한 오븐에 12~15분 구워준다.

Tip

반죽 1배합에 6개의 스콘을 만들 수 있는 레시피입니다. 반죽의 숙성 과정은 생략 가능하지만 숙성 과정을 거치면 더욱 맛있답니다. 각 가정마다 오븐의 사양이 다르니 구워지는 상태를 보며 시간을 조절하세요!

🍳 닭곰탕

🥣 재료

생닭 1마리
부추 80g
양파 1개
대파 1대
무 1/4토막
마늘 5쪽
통후추 1t
소금 1/2t

💬 Tip

• 닭곰탕을 만들 때 육수를 넉넉히 만들면 다른 요리에 다양하게 활용할 수 있습니다.

• 닭곰탕 육수 3컵은 다음 날 메뉴에 활용합니다.

👨‍🍳 만드는 법

1. 닭은 꽁지, 날개 끝 부분과 배 안쪽의 기름을 제거하고 키친타월로 깨끗하게 닦아준다.

2. 부추를 5cm 정도 크기로 자른다.

3. 준비한 양파, 대파(흰 부분), 무, 마늘을 모두 냄비에 넣고 채소가 잠기도록 물을 담아 끓인다.

4. 물이 끓으면 중불로 낮추고 40분에서 1시간 정도 푹 끓여준다.

5. 닭이 익으면 따로 빼두고 체에 육수를 걸러 따로 담는다.

6. 익은 닭의 뼈와 살을 분리하고, 살을 먹기 좋게 찢어준다.

7. 그릇에 살코기를 담고 부추를 올린 뒤 뜨거운 육수를 부추 위로 부어준다.

8. 소금으로 간을 맞춘다.

닭죽

재료

닭곰탕 육수 3컵
닭 살코기 300~400g
찹쌀 1컵
부추 40g
양파 1/4개
당근 1/4개
생들기름 1/2t
소금 1/2t
깨 1/2t

만드는 법

1. 찹쌀을 정수물에 3~4번 씻은 뒤 30분 정도 불린다.

2. 부추, 양파, 당근을 모두 잘게 다져준다.

3. 깊은 팬에 불린 찹쌀을 담고 닭곰탕 육수를 부어 센 불에서 끓인다.

4. 육수가 끓으면 다진 채소를 넣고 중약불로 줄여 뭉근하게 끓인다.

5. 바닥에 눌어붙지 않도록 저어가며 끓인다.

6. 채소가 익고 찹쌀이 퍼지면 닭 살코기를 넣고 더 끓인다.

7. 농도가 걸쭉해지고 찹쌀이 다 익으면 소금으로 간을 맞춘다.

8. 그릇에 담은 뒤 먹기 전에 생들기름을 두르고 깨를 뿌려준다.

Tip

• 냉장고 속의 자투리 채소를 활용해보세요.
• 육수가 부족할 땐 생수로 보충해주면 됩니다.

찹스테이크 저녁

 재료

소고기 등심 400g (또는 채끝.
부채살)
마늘 5쪽
양파 3/4개
파프리카 1/2개
버터 15g
올리브유 1T
소금 1/2t
후추 1/2t

스테이크소스

다진 마늘 1t
스테이크소스 2T
유기농 토마토소스 1T
굴소스 1T

만드는 법

1. 소고기의 핏물을 키친타월로 제거한 뒤 적당한 크기로 자른다.

2. 소고기에 올리브유, 소금, 후추를 모두 넣어 밑간한 후 잠시 둔다.

3. 양파, 파프리카를 적당한 크기로 자르고 마늘은 편 썰어 준비한다.

4. 스테이크소스 재료를 한데 모두 넣고 섞는다.

5. 예열한 팬에 버터를 두르고 마늘과 고기를 넣어 겉면을 익힌다.

6. 고기가 반쯤 익으면 썰어놓은 채소를 팬에 넣고 센 불에서 빠르게 볶아준다.

7. 준비한 스테이크소스를 넣고 골고루 잘 섞어 완성한다.

3주차 메뉴

아침	저녁
달걀채소말이밥	새우튀김
떠먹는 샐러드와 요거트 드레싱	돼지고기수육
당근라페샌드위치	문어채소밥
문어미나리죽	치킨스테이크
닭가슴살클럽샌드위치	깍두기볶음밥

🧺 3주차 장보기

주재료	구매량
달걀	20개
양파	2주에 구매
파프리카	2개
부추	2주에 구매
새우	500g
빵가루(3, 4주)	190g
튀김가루	500g
사과(3, 4주)	1.5kg(6~8개)
토마토	1kg(6개)
고구마	800g(4개)
청상추	120g
수육용 앞다리살	1kg
대파(3, 4주)	500g
당근	2주에 구매
식빵	1봉지
크림치즈	200g
자숙문어	400g
표고버섯	120g
감자	500g(4~5개)
미나리(3, 4주)	200g
닭안심살	600g
브로콜리	200g
모차렐라치즈	100g
닭가슴살	1팩(3~4조각)
깜빠뉴	1개(약 8조각)
슬라이스치즈	5장

부재료
올리브유
생들기름
소금
깨
맛술
요거트
레몬즙
비정제원당 시럽
후추
홀그레인 머스터드
비정제원당
간장
참기름
다진 마늘
다진 대파
다시마
마요네즈
꿀
깍두기
깍두기국물

 재료

달걀 4개

밥 3~4공기 (500g 내외)

양파 1/4개

파프리카 1/4개

부추 20g

올리브유 1T

생들기름 1T

소금 1/2t

깨 1/2t

 만드는 법

1. 볼에 밥을 담고 생들기름, 소금, 깨를 넣어 잘 섞어준다.

2. 밑간한 밥을 비엔나 소시지 모양으로 뭉친다.

3. 달걀을 깨트려 풀어주고 양파, 파프리카, 부추를 작게 다져 달걀물에 넣고 섞는다.

4. 예열한 팬에 올리브유를 두르고 약불로 줄여 달걀물을 길고 얇게 펴 준다.

5. 뭉쳐놓은 밥을 달걀물 끝에 올리고 달걀이 80% 정도 익었을 때 돌 돌 말아준다.

6. 달걀이 다 익을 때까지 잠시 두어 완성한다.

Tip

자투리 채소를 활용하기 좋은 레시피입니다.

새우튀김 저녁

재료

새우 500g
올리브유 6T
맛술 1T
빵가루 1컵
소금 1t
후추 1t

튀김반죽
튀김가루 1/2컵
물 1/2컵 (또는 탄산수)

💬 Tip
• 손질된 새우를 이용하면 시간이 단축됩니다.
• 새우 꼬리의 중간 부분에 있는 뾰족한 물총을 제거해야 튀길 때 기름이 튀지 않아요.

🍳 만드는 법

1. 새우의 머리 부분을 떼어내고 몸통의 껍질과 다리를 제거한다.

2. 이쑤시개로 새우의 등 부분을 살짝 찔러 내장을 꺼낸다.

3. 새우 꼬리에 위치한 물총 부위를 가위로 자른다.

4. 손질이 끝난 새우를 흐르는 물에 씻은 뒤 물기를 꼼꼼히 제거한다.

5. 새우에 맛술, 소금, 후추를 뿌려 밑간한다.

6. 튀김반죽 재료를 한데 모두 넣고 덩어리 없이 잘 섞어준다.

7. 새우의 꼬리 부분을 잡고 몸통을 튀김반죽에 담갔다가 빵가루 위에 꾹꾹 눌러준다.

8. 팬에 올리브유를 두르고 새우를 튀기듯이 앞뒤로 익혀준다.

9. 올리브유가 줄어들면 3T를 더 넣고 새우를 튀긴다.

🍳[아침] 떠먹는 샐러드와 요거트 드레싱

 재료

사과 1개
파프리카 3/4개
토마토 1개
찐 고구마 2개
청상추 8장 (또는 양상추, 로메
인 등 잎채소)

 요거트 드레싱

요거트 1/2컵
레몬즙 2T
비정제원당 시럽 1T
소금 1/2t
후추 1/2t

🍳 **만드는 법**

1. 요거트 드레싱 재료를 한데 모두 넣고 섞어준다.

2. 사과, 파프리카, 토마토, 찐 고구마, 청상추를 작은 큐브모양으로 적
   당하게 자른다.

3. 길고 입구가 넓은 용기에 드레싱을 절반 담고 사과, 파프리카, 고구
   마, 토마토, 청상추 순으로 차곡차곡 쌓는다.

4. 먹기 전에 위에 남은 드레싱 절반을 뿌리고 잘 섞는다.

돼지고기수육

 재료

수육용 돼지 앞다리살 1kg
(또는 삼겹살)

사과 2개

대파 2대

양파 1개

만드는 법

1. 사과, 양파를 두껍게 슬라이스한다.

2. 대파를 10cm 길이로 잘라준다.

3. 냄비에 양파, 사과, 돼지고기, 양파, 대파 순으로 쌓는다.

4. 돼지고기 냄새에 민감하다면 고기에 된장을 바르거나, 통후추, 통마늘을 함께 넣는다.

5. 센 불에서 5분 정도 끓이고 중약불로 낮춰 40분 정도 익힌다.

Tip

• 무수분 수육 레시피이므로 되도록 두꺼운 냄비에 조리해주세요. 두꺼운 냄비가 없을 땐 사과, 양파 양을 늘리면 됩니다.

• 냄비 바닥에 있는 재료가 타진 않는지 중간에 한번씩 점검해야 합니다.

당근라페샌드위치

 재료

당근 1개
식빵 8장
청상추 (또는 양상추, 로메인 등
잎채소) 8장
크림치즈 8T
소금 1t

소스

올리브유 3T
홀그레인 머스터드 1T
레몬즙 2T
비정제원당 1T
후추 1/2t

만드는 법

1. 당근을 깨끗이 씻은 뒤 가늘게 채 썬다.

2. 볼에 채 썬 당근을 담고 소금을 골고루 뿌려 섞은 뒤 10분간 절인다.

3. 소스 재료를 한데 모두 넣고 섞는다.

4. 절인 당근에 소스를 넣고 골고루 섞는다.

5. 밀폐용기나 유리병에 담고 냉장고에서 최소 3시간 숙성시켜 당근라페를 만든다.

6. 아무것도 두르지 않은 팬에 식빵을 살짝 구워준다.

7. 식빵 한쪽 면에 크림치즈를 바르고 청상추와 당근라페를 올린다.

8. 남은 식빵 한쪽 면에 크림치즈를 발라 위에 덮는다.

💬 Tip

오픈 샌드위치로 만들어도 좋습니다. 당근라페는 샐러드에 활용해도 좋아요!

🍳 저녁 문어채소밥

 재료

자숙 문어 200g
쌀 2컵
다시마 1장
표고버섯 2개
감자 1/2개
당근 1/4개
양파 1/4개
간장 1T
맛술 1T
참기름 1T
물 1.5컵

 만드는 법

1. 쌀을 정수물에 깨끗하게 씻고 다시마와 물을 넣고 30분 정도 불린다.
   (여름 30분, 겨울 1시간)

2. 문어를 끓는 물에 1~2분 정도 데친다.

3. 감자, 당근, 양파를 먹기 좋은 크기로 자르고, 표고버섯은 편 썬다.

4. 손질한 문어와 채소에 간장, 맛술, 참기름을 모두 넣고 잘 버무린다.

5. 불린 쌀은 다시마를 빼고 솥에 담는다.

6. 불린 쌀 위에 문어와 채소를 올려 밥을 짓는다.

7. 밥이 완성되면 5분간 뜸을 들인다.

문어미나리죽

 재료

자숙 문어 200g
찬밥 2공기 (200g)
미나리 50g
다진 마늘 1/2T
다진 대파 2T
올리브유 1T
참기름 1T
소금 1t

만드는 법

1. 문어 다리를 삶은 뒤 육수는 따로 빼준다.

2. 삶은 문어 다리를 먹기 좋은 크기로 자른다.

3. 미나리를 잘게 잘라준다.

4. 예열한 팬에 올리브유를 두르고 다진 마늘과 대파를 볶다가 문어육수를 넣고 끓인다.

5. 육수가 끓으면 찬밥을 넣고 중약불에서 밥알이 퍼지도록 끓인다.

6. 밥알이 다 퍼지고 농도가 걸쭉해지면 문어 다리와 미나리를 넣고 살짝 더 끓인다.

7. 소금으로 간을 맞추고 먹기 전에 참기름을 살짝 두른다.

Tip

문어는 오래 익히면 질겨지므로 죽이 완성된 직후에 넣고 오래 끓이지 마세요!

치킨스테이크

 재료

닭안심살 600g
찐 브로콜리 1/4개
파프리카 1/2개
당근 1/4개
양파 1/2개
모차렐라치즈 100g
마요네즈 2T
올리브유 1T
소금 1t
후추 1t

만드는 법

1. 닭안심살을 소금 1/2t과 후추 1/2t로 골고루 밑간해 10분 정도 재워 둔다.

2. 찐 브로콜리와 파프리카, 당근, 양파를 잘게 다진다.

3. 볼에 다진 채소와 마요네즈, 소금 1/2t, 후추 1/2t, 모차렐라치즈를 모두 넣고 섞는다.

4. 닭안심살의 가운데를 갈라 채소와 섞은 마요네즈로 속을 채워준다.

5. 예열한 팬에 올리브유를 두르고 닭안심살의 겉면을 익힌다.

6. 겉면이 익으면 약불로 줄이고 뚜껑을 닫아 속까지 익힌다.

Tip

180도로 예열한 오븐 또는 에어프라이어에 10~20분 구워도 좋아요!

 # 닭가슴살클럽샌드위치

 재료

닭가슴살 4조각
깜빠뉴 8조각
청상추 8장 (또는 양상추, 로메
인 등 잎채소)
슬라이스치즈 4장
달걀 4개
마요네즈 4T
올리브유 1T
소금 1t
후추 1t

허니머스터드소스
마요네즈 4T
홀그레인 머스터드 1T
레몬즙 1t
꿀 1T

 만드는 법

1. 허니머스터드소스 재료를 한데 모두 넣고 섞어준다.

2. 청상추를 얇게 채 썰어 허니머스터드소스에 버무린다.

3. 닭가슴살에 소금, 후추를 뿌려 밑간한다.

4. 아무것도 두르지 않은 팬에 깜빠뉴를 앞뒤로 굽는다.

5. 예열한 팬에 올리브유를 두르고 닭가슴살을 올린 뒤 뚜껑을 덮어 익
   힌다.

6. 달걀프라이를 만든다.

7. 구운 깜빠뉴 한쪽에 마요네즈를 바르고 소스에 버무린 청상추, 닭가
   슴살, 아메리칸치즈, 달걀프라이 순서로 빵 위에 올린다.

8. 다른 깜빠뉴의 한쪽에 마요네즈를 바르고 위에 덮는다.

깍두기볶음밥

🥣 재료

찬밥 3~4공기 (500g 내외)
깍두기 2컵
대파 1/2대
올리브유 1T
참기름 2T

양념
깍두기국물 4T
간장 1T
비정제원당 1/2T

🕐 만드는 법

1. 깍두기를 작게 썰고, 파를 송송 썰어 준비한다.

2. 예열한 팬에 올리브유를 두르고 파를 볶는다.

3. 파기름 향이 올라오면 깍두기를 넣고 볶는다.

4. 팬에 양념 재료를 모두 넣고 깍두기에 윤기가 날 때까지 볶는다.

5. 찬밥을 넣고 주걱으로 가르듯이 깍두기와 골고루 섞어가며 볶는다.

6. 먹기 전에 참기름을 두른다.

💬 Tip

아이들이 매운 음식을 잘 못
먹을 땐 깍두기를 물에 씻어
사용하세요!

🍽 4주차 메뉴

아침

미나리밥전

현미가래떡구이

사골떡국

달걀볶음밥

통밀스콘

저녁

시금치된장국

시금치크림리조또

돼지갈비

바지락미역국

치킨안심가스

🧺 4주차 장보기

주재료	구매량
미나리	3주에 구매
달걀	10개
시금치	1단(200g)
현미가래떡	5줄
닭가슴살	1팩(3~4조각)
양파	1망(4개)
슬라이스치즈	5장
우유	500ml
생크림	200ml
사골국물	1팩(500g)
떡국용 떡	500g
대파	3주에 구매
돼지고기 목살	1kg
사과	3주에 구매
바지락	1봉지(500g)
건미역	2주에 구매
통밀가루	600g
박력분	1개월에 구매
버터	1개월에 구매
닭안심살	600g
튀김가루	3주에 구매
빵가루	3주에 구매

부재료
올리브유
소금
후추
다진 마늘
된장
고춧가루
간장
맛술
비정제원당
멸치액젓
베이킹파우더
아몬드(선택)
초코칩(선택)
파마산치즈(선택)

미나리밥전

🥣 재료

미나리 50g
밥 3~4공기 (500g 내외)
달걀 3개
올리브유 1T
소금 1/2t
후추 1/2t

🍳 만드는 법

1. 미나리를 잘게 썰어준다.

2. 볼에 밥을 담고 미나리, 달걀, 소금, 후추를 모두 넣은 뒤 골고루 섞어
   준다.

3. 예열한 팬에 올리브유를 두르고 밥을 한 숟가락씩 떠서 올린다.

4. 아래쪽 면이 노릇해지면 뒤집어 부친다.

시금치된장국

 재료

시금치 100g
다진 마늘 1T
된장 2T
물 5컵
고춧가루 1t

만드는 법

1. 시금치를 물에 씻은 뒤 먹기 좋은 크기로 잘라준다.

2. 냄비에 물을 넣고 끓인다.

3. 물이 끓으면 된장을 풀고 시금치, 다진 마늘, 고춧가루를 모두 넣어 한소끔 더 끓인다.

4. 부족한 간은 소금으로 맞춘다.

💬 Tip

멸치다시마육수나 조개를 넣고 끓이면 시원하고 감칠맛이 납니다!

159

아침 현미가래떡구이

재료

현미가래떡 4줄
올리브유 1T

만드는 법

1. 예열한 팬에 올리브유를 두른다.

2. 약불에 가래떡을 골고루 굴려가며 노르스름해질 때까지 굽는다.

시금치크림리조또 저녁

 재료

시금치 100g
찬밥 2공기 (200g)
양파 1/2개
다진 마늘 2T
슬라이스치즈 1장
우유 2컵
생크림 1컵
올리브유 1T
소금 1/2t
후추 1/2t
청양고추 1/2개 (선택)

💬 Tip

• 생크림이 없을 땐 우유를 1컵
  더 넣어주세요.
• 우유와 시금치를 블렌더로
  갈아서 끓여도 좋아요.

👨‍🍳 만드는 법

1. 시금치는 잘게 썰고, 양파를 다져준다.

2. 올리브유를 두른 팬에 다진 양파, 다진 마늘을 모두 넣고 볶는다.

3. 우유와 생크림을 모두 붓고 끓으면 찬밥을 넣어 약불에서 밥알이 퍼
   질 때까지 저어준다.

4. 잘라둔 시금치를 넣고 섞어주다가 슬라이스치즈, 소금, 후추로 간을
   맞춰준다. (매콤한 맛을 가미하고 싶다면 청양고추 추가)

재료

사골국물 1팩 (500g)
떡국용 떡 300g
대파 1/2대
달걀 2개
물 1컵
소금 1t

만드는 법

1. 대파를 송송 썰어준다.

2. 달걀을 깨뜨려 소금 1/2t을 넣고 풀어준다.

3. 떡을 물에 헹군다.

4. 냄비에 사골국물과 물을 넣고, 썰어둔 대파, 소금 1/2t을 넣어 끓여준다.

5. 국물이 끓으면 떡을 넣고 부드러워질 때까지 끓인다.

6. 풀어둔 달걀을 동그랗게 두르고 젓지 않은 상태로 2분 정도 더 끓여준다.

저녁 돼지갈비

 재료

돼지고기 목살 1kg

돼지갈비 양념
양파 1/2개
사과 1/2개
다진 마늘 3T
간장 5T
맛술 3T
비정제원당 3T
후추 1T

 만드는 법

1. 돼지고기 목살에 양념이 잘 배도록 앞뒤로 칼집을 낸다.

2. 돼지갈비 양념 재료를 모두 넣고 블렌더로 갈아준다.

3. 돼지고기 목살에 갈아준 양념을 뿌려 골고루 섞은 뒤 최소 30분간 재워둔다.

4. 아무것도 두르지 않은 팬에 돼지갈비를 올려 굽는다.

5. 센 불에서 굽다가 물이 생기면 중불로 줄이고 바짝 졸이며 굽는다.

달걀볶음밥

 재료

달걀 4개
밥 3~4공기 (500g 내외)
대파 1/2대
올리브유 2T
간장 2T
소금 1/2t

만드는 법

1. 달걀은 깨트려 잘 풀어주고, 파를 송송 썬다.

2. 예열한 팬에 올리브유를 두르고 파를 볶는다.

3. 파기름 향이 올라오면 달걀물을 붓고 저어가며 익힌다.

4. 달걀이 익으면 밥을 넣고 국자의 뒷면으로 눌러가며 볶는다.

5. 팬 가장 자리에 간장을 뿌려 잠시 두었다가 보글보글 끓어오르면 밥과 함께 볶는다.

6. 부족한 간은 소금으로 맞춘다.

 재료

바지락 500g
건미역 30g
다진 마늘 1T
멸치액젓 1T
물 6컵
소금 1/2t

만드는 법

1. 바지락을 물에 깨끗이 헹군 뒤 소금물에 담가 어두운 곳에서 2~3시간 정도 해감한다.

2. 건미역을 모두 물에 담가 불린다.

3. 냄비에 물을 끓이고 해감한 바지락을 모두 넣어 육수를 만든다.

4. 바지락이 입을 벌리면 건져낸다.

5. 불린 미역을 깨끗한 물에 씻어 먹기 좋은 크기로 자른다.

6. 바지락육수에 손질한 미역, 다진 마늘, 멸치액젓을 모두 넣고 끓여준다.

7. 바지락육수가 끓으면 중약불로 줄여 20~30분 정도 푹 끓인다.

8. 먹기 직전에 바지락을 넣고 소금으로 간을 맞춘다.

 Tip

바지락 살을 발라내서 넣으면 먹기가 편해요!

통밀스콘

재료

통밀가루 130g
박력분 60g
비정제원당 3T
베이킹파우더 1t
버터 60g
우유 7T
소금 1/3t
아몬드 50g (선택)
초코칩 50g (선택)

만드는 법

1. 모든 재료를 냉장 보관하여 차가운 상태로 준비한다.

2. 볼에 통밀가루, 박력분, 비정제원당, 베이킹파우더, 소금을 모두 넣어 섞어준다.

3. 버터를 작은 큐브로 잘라 볼에 넣고 밀듯이 펴주며 가루 재료들과 골고루 섞는다.

4. 입자가 고슬고슬해지고 반죽을 쥐었을 때 뭉쳐지면 아몬드, 초코칩을 넣고 섞는다.

5. 볼에 우유를 넣고 11자로 가르듯이 주걱을 이용해 반죽을 섞는다.

6. 어느 정도 뭉쳐지면 손으로 눌러가면서 바닥에 남은 가루를 반죽에 붙여준다는 느낌으로 한 덩어리를 만들어준다.

7. 반죽을 반으로 접고 다시 한 번 반으로 접는다.

8. 두께 2cm 정도 크기로 반죽의 모양을 동그랗게 잡은 후 지퍼백이나 밀폐용기에 담아 최소 1시간 이상 냉장 숙성시킨다.

9. 숙성된 반죽을 6등분으로 잘라 오븐용 팬에 올리고 180도로 예열한 오븐에서 15분 정도 구워준다.

Tip

반죽 1배합에 6개의 스콘을 만들 수 있는 레시피입니다.

치킨안심가스

 재료

닭안심살 600g

달걀 2개

올리브유 3T

맛술 1T

쌀튀김가루 1컵 (또는 밀가루, 부침가루 등)

빵가루 2컵

소금 1t

후추 1t

만드는 법

1. 닭안심살을 맛술, 소금, 후추로 밑간해 30분 정도 재워둔다.

2. 달걀을 깨트려 잘 풀어준다.

3. 재워둔 닭안심살을 쌀튀김가루, 달걀물, 빵가루 순으로 묻혀 튀김 옷을 입힌다.

4. 예열한 팬에 올리브유를 두르고 앞뒤로 15분 동안 노릇하게 익힌다.

Tip

닭안심살에 올리브유를 발라 에어프라이어나 오븐에 구우면 더 담백해요!

3개월 밥상 차리기

1주차 메뉴

아침	저녁
검은콩수프	두부덮밥
케일쌈밥	함박스테이크
시금치달걀주먹밥	돼지고기김치찜
검은콩스프레드와 식빵	시금치카레
시금치덮밥	두부스테이크

🧺 1주차 장보기

주재료	구매량
검은콩	500g
우유	500ml
생크림	200ml
두부	4모
쌈용 케일	200g
소고기 다짐육	300g
돼지고기 다짐육	600g
양파	1망(4개)
달걀(1, 2주)	20개
빵가루	190g
시금치	2단(400g)
돼지고기 앞다리살	1kg
대파	300g(2대)
식빵	1봉지
마스카포네치즈	250g
카레가루	1봉지(100g)
당근(1, 2주)	500g(4~5개)
제철 과일(선택)	적당량

부재료
소금
후추
올리브유
생들기름
비정제원당 시럽
간장
맛술
다진 마늘
된장
고추장
매실청
깨
익은 김치
김칫국물
비정제원당
고춧가루
그릭요거트
피시소스
전분가루
다진 견과류(선택)
파슬리가루(선택)
어린잎채소(선택)

검은콩수프

 재료

검은콩 160g
우유 2컵
생크림 1컵
소금 1t
후추 1/2t
식빵 4장 (선택)
제철 과일 (선택)

만드는 법

1. 검은콩을 깨끗하게 씻은 뒤 반나절 정도 충분히 불린다.

2. 냄비에 불린 검은콩을 넣고 물에 삶아 익힌다.

3. 검은콩을 삶은 물을 버리지 말고 냄비에 우유, 생크림을 붓고, 함께 블렌더로 곱게 갈아준다.

4. 약불에서 뭉근히 끓여 소금, 후추로 간을 맞춘다.

5. 구운 식빵과 제철 과일을 곁들인다.

 Tip

검은콩을 충분히 삶아줘야 부드러운 수프가 완성됩니다. 삶은 검은콩은 수저로 으깨어 잘 익었는지 확인해보세요.

두부덮밥

 재료

두부 2모
밥 3~4공기 (500g 내외)
올리브유 1T
생들기름 4t
소금 1t
후추 1t
어린잎채소 40g (선택)

양념장
비정제원당 시럽 4T
간장 4T
맛술 4T
물 1컵

만드는 법

1. 두부를 원하는 크기로 자른 뒤 키친타월로 물기를 제거한다.

2. 두부에 소금, 후추를 약간 뿌려 밑간해준다.

3. 예열한 팬에 올리브유를 두르고 두부를 앞뒤로 노릇하게 굽는다.

4. 양념장 재료를 한데 모두 넣고 섞는다.

5. 두부 위에 양념장을 뿌리고 약불에서 국물이 자작해질 때까지 졸여준다.

6. 그릇에 밥을 담고 그 위에 두부를 올린 뒤 졸인 양념장을 골고루 뿌린다.

7. 어린잎채소를 올리고 깨를 뿌려준다.

8. 먹기 직전에 생들기름을 두른다.

 Tip

자투리 채소가 있다면 활용해도 좋아요!

🍚 케일쌈밥

재료

쌈용 케일 200g
밥 3~4공기 (500g 내외)

쌈장
다진 마늘 1/2T
된장 2T
고추장 1/2T
매실청 1T
다진 견과류 20g (선택)

🍳 만드는 법

1. 케일을 데치거나 쪄준다.

2. 쌈장 재료를 한데 모두 넣고 섞어준다.

3. 케일을 펼치고 밥을 한 술 떠서 올린 뒤 준비한 쌈장 1/2t을 밥 위에
   올린다.

4. 케일 양 끝을 안쪽으로 접고 돌돌 말아준다.

💬 Tip

케일 대신 다시마나 양상추로
쌈을 싸도 좋아요!

함박스테이크 저녁

 재료

소고기 다짐육 300g
돼지고기 다짐육 300g
양파 1/2개
달걀 6개
올리브유 2t
빵가루 1컵
소금 1t
후추 1t

💬 **Tip**

· 취향에 따라 구운 채소와 반
  숙 달걀프라이를 함께 곁들
  이면 좋습니다.
· 고기 반죽을 둥글게 빚을 때
  는 손에 기름을 살짝 발라주
  면 달라붙지 않아요!

🍳 **만드는 법**

1. 양파를 잘게 다져준다.

2. 예열한 팬에 올리브유 1t을 두르고 다진 양파, 소금 1/2t, 후추 1/2t을
   넣어 볶아준다.

3. 볼에 다진 소고기, 다진 돼지고기, 볶은 양파, 달걀 2개, 빵가루를 넣
   고 치대며 잘 섞어준다.

4. 고기 반죽에 소금 1/2t, 후추 1/2t을 넣어 간을 맞춘다.

5. 치댄 고기 반죽을 4등분하고 둥글게 빚은 뒤 가운데를 살짝 납작하
   게 눌러준다.

6. 예열한 팬에 올리브유 1t을 두르고 중불에서 양쪽을 노릇하게 익혀
   준 뒤 약불에서 뚜껑을 닫고 속까지 익힌다.

7. 달걀프라이를 만들어 곁들인다.

 시금치달걀주먹밥

 재료

시금치 100g
달걀 2개
밥 3~4공기 (500g 내외)
생들기름 1T
올리브유 1t
소금 1t
깨 1/2t

만드는 법

1. 시금치를 잘게 썰어준다.

2. 달걀을 깨뜨려 소금 1/2t을 넣고 풀어준다.

3. 예열한 팬에 올리브유를 약간 두르고 약불에서 달걀 스크램블을 만든다.

4. 달걀이 80% 정도 익었을 때 잘게 썬 시금치를 넣고 함께 볶아준다.

5. 볼에 밥을 모두 담고 생들기름, 소금 1/2t, 깨를 넣어 주걱으로 가르듯이 섞는다.

6. 볶은 시금치와 달걀을 밥 위에 올리고 다시 골고루 섞는다.

7. 한입에 먹기 좋은 크기로 동그랗게 뭉친다.

돼지고기김치찜

저녁

재료

수육용 돼지앞다리살 1kg
익은 김치 1/2포기
대파 1/2대

양념

다진 마늘 2T
김칫국물 1컵
맛술 2T
물 5컵
비정제원당 1T
고춧가루 1T
후추 1/2t

만드는 법

1. 김치 속을 털어내고 밑동 부분을 3등분한다.

2. 양념 재료를 한데 모두 넣고 섞는다.

3. 앞다리살을 2~3등분하고, 대파는 어슷하게 썰어준다.

4. 냄비에 김치를 담고 고기를 올린 뒤 양념을 부어 센 불에서 끓인다.

5. 끓기 시작하면 중불로 줄이고 40분 정도 폭 끓여준다.

6. 중간에 김치가 어느 정도 익으면 고기와 섞어 양념이 잘 배이게 해 준다.

7. 먹기 전에 대파를 넣고 약불에서 20분 정도 더 끓인다.

Tip

고기와 김치는 미리 잘라서 조리하지 마시고 요리가 완성되면 먹기 좋게 잘라주세요!

아침 검은콩스프레드와 식빵

 재료

식빵 4장
검은콩 160g
마스카포네치즈 250g
비정제원당 시럽 2T (또는 올
리고당)
비정제원당 2T
소금 1/2t

 만드는 법

1. 검은콩을 깨끗하게 씻은 뒤 반나절 정도 충분히 불린다.

2. 콩물을 버리지 않고 비정제원당 시럽, 비정제원당, 소금을 모두 넣어 끓이다가 콩이 익으면 약불에서 졸인다.

3. 물기 없이 완전히 다 졸아들면 그릇에 담아 한 김 식힌다.

4. 마스카포네치즈를 미리 냉장고에서 꺼내어 졸인 검은콩과 온도를 맞춰준다.

5. 한 김 식힌 검은콩조림과 마스카포네치즈를 잘 섞어 준비한 식빵에 발라먹는다.

시금치카레

 재료

시금치 100g
밥 3~4공기 (500g 내외)
삶은 달걀 4개
우유 1/2컵
물 2컵
그릭요거트 2T (선택)
카레가루 1봉지 (100g)
파슬리가루 1t (선택)

만드는 법

1. 시금치 뿌리를 긁어 다듬고 흐르는 물에 깨끗이 씻는다.

2. 씻은 시금치를 끓는 물에 데친 뒤 물 2컵과 함께 블렌더에 갈아준다.

3. 냄비에 갈아둔 시금치를 넣고 끓인다.

4. 끓으면 카레가루를 넣고 잘 풀어준 뒤 우유를 넣어 농도를 조절해 준다.

5. 원하는 농도가 되면 불을 끈 뒤 그릭요거트를 넣고 잘 젓는다.

6. 삶은 달걀을 반으로 잘라준다.

7. 그릇에 밥을 담고 완성된 시금치카레를 붓고 삶은 달걀을 올린 뒤 파슬리가루를 뿌려 완성한다.

시금치덮밥

 재료

시금치 200g
돼지고기 다짐육 150g
밥 3~4공기 (500g 내외)
대파 1/2대
양파 1/2개
다진 마늘 2T
올리브유 1T
간장 2T
피시소스 4T
비정제원당 2T
고춧가루 1/2t (선택)

만드는 법

1. 대파를 송송 썰고, 시금치와 양파를 잘게 썰어준다.

2. 예열한 팬에 올리브유를 두르고 파를 볶는다.

3. 파기름 향이 올라오면 돼지고기 다짐육을 볶는다.

4. 팬에 썰어둔 양파와 다진 마늘 1T을 넣고 고기와 함께 볶아준다.

5. 고기가 익으면 비정제원당, 간장, 피시소스를 모두 넣고 다진 마늘 1T을 넣어 볶는다.

6. 시금치를 넣고 숨이 죽을 정도만 볶는다.

7. 밥을 담고 위에 시금치볶음을 올려준다. (매콤한 맛을 가미하고 싶다면 고춧가루 추가)

 Tip

피시소스가 없을 땐 액젓 2T, 식초 2T를 섞어 대체하면 됩니다.

재료

두부 2모
양파 1/2개
당근 1/4개
대파 1/2대
달걀 1개
올리브유 1T
전분가루 3T
소금 1t
후추 1/2t

만드는 법

1. 양파, 당근, 대파를 모두 다져준다.

2. 두부를 면 보자기에 싸서 물기를 제거한다.

3. 예열한 팬에 올리브유를 두르고 다진 채소를 모두 볶아 수분을 제거한다.

4. 볼에 볶은 채소, 두부, 달걀, 전분가루, 소금, 후추를 모두 넣고 두부를 으깨가며 잘 치댄다.

5. 두부 반죽을 동글납작하게 만들어준다.

6. 예열한 팬에 올리브유를 두르고 두부 반죽을 중약불에서 앞뒤로 노릇하게 굽는다.

Tip

자투리 채소나 제철 과일을 곁들여도 좋아요!

🍽 2주차 메뉴

아침	저녁
부추달걀볶음	오리고기볶음
고구마수프	누룽지백숙
구운채소샐러드	호박볶음
두부호박볶음밥	가지불고기
불고기샌드위치	호박부침개

2주차 장보기

주재료	구매량
부추	170g
달걀	1주에 구매
오리고기	1kg
양파	1망(4개)
고구마	800g(4개)
우유	500ml
생닭	1kg(1마리)
누룽지	300g
황기	100g
대파	300g(2대)
마늘(2, 3주)	200g
건대추	170g
청상추	120g
애호박	4개
가지	2개
두부	2모
불고기용 소고기	600g
당근	1주에 구매
식빵	1봉지
토마토	1kg(6개)

부재료
올리브유
생들기름
소금
다진 마늘
고추장
비정제원당 시럽
간장
참기름
비정제원당
고춧가루
후추
시나몬가루
발사믹식초
다진 대파
깨
마요네즈
머스터드소스
홀그레인 머스터드
새우가루
부침가루

부추달걀볶음

 재료

부추 40g
달걀 4개
올리브유 1T
생들기름 1T
소금 1/2t

만드는 법

1. 부추를 흐르는 물에 깨끗하게 씻은 뒤 적당한 크기로 자른다.

2. 달걀은 깨트려 소금을 넣고 잘 풀어준다.

3. 달걀물에 자른 부추를 넣고 가볍게 섞는다.

4. 예열한 팬에 올리브유를 두르고 부추달걀물을 부어 달걀 스크램블을 만들 듯이 저어준다.

5. 달걀이 익으면 그릇에 담고 생들기름을 두른다.

Tip

부추는 아이들에겐 많이 질길 수도 있으니 아이들 밥에는 더 잘게 잘라주면 좋습니다.

오리고기볶음 저녁

 재료

오리고기 800g
양파 1개
부추 40g

양념
다진 마늘 2T
고추장 2T
비정제원당 시럽 2T
간장 2T
참기름 1T
비정제원당 1T
고춧가루 3T
후추 1/2t

🍳 만드는 법

1. 오리고기를 먹기 좋은 크기로 자른다.

2. 양파를 채 썰고, 부추를 적당한 길이로 썰어준다.

3. 양념 재료를 한데 모두 넣어 섞어준다.

4. 볼에 오리고기와 양념을 넣어 잘 버무리고 냉장고에 1시간 정도 넣어둔다.

5. 예열한 팬에 양념된 오리고기를 볶다가 반 정도 익으면 채 썬 양파를 넣고 볶는다.

6. 양파가 익으면 부추를 넣고 3분 정도 더 볶아 마무리한다.

고구마수프

재료

고구마 3~4개
우유 500ml
비정제원당 1T
시나몬가루 1/2t
파슬리가루 1t

만드는 법

1. 고구마는 삶거나 에어프라이어에 구워 준비한다.

2. 고구마 1개는 껍질을 벗긴 뒤 먹기 좋게 큐브 모양으로 썰어준다.

3. 남은 고구마의 껍질을 벗겨 냄비에 담고, 고구마가 반 정도 잠기게 물을 부어 끓인다.

4. 수저나 주걱으로 고구마를 으깬 뒤 우유를 모두 부어 블렌더로 갈아준다.

5. 냄비에 갈아준 고구마와 비정제원당, 시나몬가루를 넣고 한소끔 더 끓인다.

6. 그릇에 고구마수프를 담고 큐브모양으로 썰어둔 고구마를 올린다.

7. 파슬리가루를 뿌려준다.

 Tip

고구마는 삶는 것보다 굽는 것을 추천해요. 에어프라이어나 오븐에 구우면 단맛이 더 강해져요!

누룽지백숙 저녁

🍲 재료

생닭 1마리
누룽지 200g
소금 1T
후추 1/2t

국물

황기 2대
대파 1대
마늘 6쪽
건대추 4개 (또는 삼계탕용 약
재 1봉)

🍳 만드는 법

1. 닭의 꽁지와 배 안쪽의 기름기 많은 부분을 잘라낸 뒤 키친타월로 깨끗이 닦아준다.

2. 큰 냄비에 닭이 푹 잠길 정도로 물을 붓고 국물 재료를 모두 넣어 센불에서 30분간 푹 끓인다.

3. 중약불로 줄여 30분 정도 더 끓인 뒤 국물 재료를 건져낸다.

4. 국물에 누룽지를 넣고 5~10분 정도 더 끓인다.

5. 먹기 전에 소금, 후추를 넣어 간을 맞춘다.

구운채소샐러드

 재료

청상추 8장
애호박 1개
가지 1개
양파 1개
올리브유 1T
소금 1/2t
후추 1/2t

드레싱
비정제원당 시럽 2T
발사믹식초 8T
소금 1t

만드는 법

1. 드레싱 재료를 한데 모두 섞어 준비한다.

2. 청상추를 씻고 물기를 제거한 뒤 한입 크기로 뜯어준다.

3. 호박을 반으로 잘라 자른 면이 바닥을 향하게 두고 납작하게 썬다.

4. 가지를 굵게 어슷썬다.

5. 양파를 링 모양으로 잘라준다.

6. 예열한 팬에 올리브유를 두르고 손질한 호박, 가지, 양파를 올린 뒤
   소금, 후추로 간을 하고 앞뒤로 굽는다.

7. 접시에 준비한 상추와 구운 채소를 올리고 드레싱을 뿌려준다.

호박볶음 저녁

 재료

애호박 1개
양파 1/2개
다진 마늘 1T
올리브유 1t
간장 1T
고춧가루 1/2T
소금 1t

만드는 법

1. 호박을 두껍게 자르고 소금을 뿌려 잘 섞은 뒤 최소 20분간 절인다.

2. 양파를 채 썰어준다.

3. 냄비에 올리브유를 두르고 절인 호박, 양파, 고춧가루, 간장을 넣은 뒤 호박이 잠길 정도만 물을 부어 잘 섞는다.

4. 중불에서 끓이다가 다진 마늘을 넣고 호박이 익을 때까지 살살 섞으면서 졸인다.

5. 부족한 간은 소금으로 맞춘다.

Tip

둥근호박을 사용해도 괜찮아요. 호박을 소금에 절이는 게 포인트! 여기서 간이 쏙쏙 배어야 맛있답니다.

두부호박볶음밥

 재료

두부 1모
애호박 1/2개
대파 1/2대
밥 3~4공기 (500g 내외)
올리브유 1T
생들기름 4t
소금 1t
후추 1/2t

 만드는 법

1. 애호박을 작은 큐브 모양으로 자르고, 대파를 송송 썬다.

2. 두부는 물기를 제거한 뒤 애호박과 비슷한 크기로 자른다.

3. 예열한 팬에 올리브유를 두르고 파를 볶는다.

4. 파기름 향이 올라오면 애호박과 소금 1/2t을 넣고 볶는다.

5. 애호박이 익으면 밥을 넣고 골고루 잘 볶다가 두부를 넣고 소금 1/2t, 후추로 간해서 골고루 볶는다.

6. 그릇에 볶음밥을 담은 뒤 먹기 전에 생들기름을 두른다.

가지불고기

🥣 재료

불고기용 소고기 600g
양파 1/2개
당근 1/4개
가지 1개

불고기 양념

다진 마늘 1T
다진 대파 2T
참기름 2T
간장 4T
비정제원당 2T
후추 1/2t
깨 1/2t

💬 Tip

가지불고기 120g은 다음 날 아침 메뉴에 활용합니다.

👨‍🍳 만드는 법

1. 불고기 양념 재료를 한데 모두 넣고 섞는다.

2. 소고기를 불고기 양념에 버무려 30분간 재워둔다.

3. 양파, 당근을 채 썰어 준비한다.

4. 가지를 칼을 눕혀 절반으로 자른 뒤 그 상태로 3등분한다.

5. 잘린 가지는 다시 세로로 절반 잘라준다.

6. 예열한 팬에 재워둔 소고기를 넣고 볶다가 고기가 절반쯤 익었을 때 양파, 당근을 모두 넣고 볶는다.

7. 소고기가 80% 정도 익었을 때 가지를 모두 넣고 볶아 마무리한다.

🧑‍🍳 아침 불고기샌드위치

🥣 재료

가지불고기 8T
식빵 8장
토마토 1개
양파 1개
청상추 8장

스프레드
마요네즈 8T
머스터드소스 4T
홀그레인 머스터드 2T

🍳 만드는 법

1. 아무것도 두르지 않은 팬에 식빵의 앞뒤를 모두 구워준다.

2. 토마토를 둥글게 썰고 양파는 채 썬다.

3. 청상추는 흐르는 물에 씻은 뒤 물기를 제거한다.

4. 팬에 가지불고기를 볶아서 데워준다.

5. 스프레드 재료를 한데 모두 섞는다.

6. 식빵 한쪽에 스프레드를 바르고 청상추, 양파, 가지불고기, 토마토 순으로 올린다.

7. 남은 식빵 한쪽에 스프레드를 발라 위에 덮어준다.

💬 Tip

남은 가지가 있다면 구워서 추가해도 좋아요!

호박부침개 저녁

 재료

애호박 1개
양파 1/2개
올리브유 2T
물 2T
새우가루 2T
부침가루 1컵

만드는 법

1. 애호박, 양파를 채 썰어 준비한다.

2. 채 썬 애호박과 양파에 새우가루, 부침가루, 물을 모두 넣고 섞어
   준다.

3. 예열한 팬에 올리브유를 두르고 부침개 반죽을 올려 얇게 펼친 뒤
   약불에서 앞뒤로 골고루 부친다.

Tip

• 둥근 호박을 사용해도 괜찮
  아요.
• 물을 적게 넣어 바삭하게 먹
  는 부침개 레시피입니다.

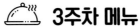 3주차 메뉴

아침	저녁
토마토주스	닭갈비
양배추샐러드김밥	감자전
감자치즈떡	닭안심토마토치즈리조또
달걀피자	황태국
황태달걀죽	소고기토마토카레

🧺 3주차 장보기

주재료	구매량
토마토	2kg(약 10개)
정육 닭	1.4kg
양파	1망(4개)
고구마	800g(4개)
양배추	1통(1kg 내외)
깻잎	40g
대파(3, 4주)	500g
김밥용 김	10장
당근(3, 4주)	500g(3개)
사과(3, 4주)	1.5kg(6~8개)
감자	1kg(약 10개)
모차렐라치즈	500g
닭안심살	300g
파프리카	2개
유기농 토마토소스	600g
달걀	10개
방울토마토	1팩(500g)
느타리버섯	200g
황태채	150g
무	500g
콩나물	300g
소고기 다짐육	200g
카레가루	1봉지(100g)

부재료
올리브유
소금
다진 마늘
고추장
비정제원당 시럽
간장
맛술
고춧가루
후추
생들기름
깨
요거트
레몬즙
마요네즈
애플사이다비니거
비정제원당
식초
감자전분
새우젓
다시마
청양고추(선택)
파슬리가루(선택)

 토마토주스

재료

토마토 6개
올리브유 1T
소금 1/2t

만드는 법

1. 토마토의 꼭지를 제거하고 꼭지 반대쪽에 십자로 칼집을 넣는다.

2. 끓는 물에 토마토를 살짝 데친 뒤 얼음물이나 찬물에 담가 식히고
   껍질을 벗긴다.

3. 블렌더에 껍질 벗긴 토마토, 올리브유, 소금을 모두 넣고 갈아준다.

Tip

• 토마토는 올리브유와 함께
  먹으면 궁합이 좋아요!
• 주스에 설탕을 넣으면 토마토
  의 비타민이 모두 소모되어
  체내로 흡수되지 않습니다.

닭갈비

🍲 재료

정육 닭 1.4kg
양파 1/2개
고구마 1개
양배추 1/4통
깻잎 10장
대파 1/2대

닭갈비 양념
다진 마늘 2T
고추장 4T
비정제원당 시럽 4T
간장 2T
맛술 4T
고춧가루 2T
후추 1t

🍳 만드는 법

1. 정육 닭의 물기를 키친타월로 닦은 뒤 먹기 좋은 크기로 자른다.

2. 닭갈비 양념을 한데 모두 섞고 닭을 양념에 버무려 1시간 정도 재워 둔다.

3. 양파를 채 썰고 고구마, 양배추, 깻잎은 적당히 먹기 좋은 크기로 자른다.

4. 대파는 반을 갈라 5cm 정도 길이로 자른다.

5. 예열한 팬에 재워둔 닭과 고구마를 넣고 익힌다.

6. 고구마가 익으면 양파, 양배추를 모두 넣고 볶는다.

7. 마지막에 대파, 깻잎을 넣고 3분 정도 볶아 마무리한다.

재료

김밥용 김 4장
밥 3~4공기 (500g 내외)
양배추 1/4통
사과 1개
생들기름 1T
소금 1/2t
깨 1/2t

요거트 드레싱 (선택)
요거트 5T
비정제원당 시럽1T
레몬즙 1T
소금 1/2t

마요네즈 드레싱 (선택)
마요네즈 5T
애플사이다비니거 1T (또는 식초)
비정제원당 1T
소금1/2t

만드는 법

1. 볼에 밥을 담은 뒤 생들기름, 소금, 깨를 모두 넣고 주걱을 세워 잘 섞어준다.

2. 양배추, 사과를 모두 채 썰어 준비한다.

3. 요거트 드레싱 또는 마요네즈 드레싱 재료를 한데 모두 넣고 섞은 뒤 손질한 채소를 소스에 잘 버무린다.

4. 김밥용 김 위에 밥을 올리고 준비해둔 샐러드를 듬뿍 올려 돌돌 말아준다.

🍳저녁 감자전

 재료

감자 3~4개
올리브유 3T
소금 1/2t

초간장
간장 1T
식초 1T
청양고추 1/2개 (선택)

 만드는 법

1. 감자의 껍질을 벗겨 적당한 크기로 잘라 블렌더 또는 강판에 갈아 준비한다.

2. 갈아준 감자를 체로 걸러 물기를 빼준다.

3. 물 아래 가라앉은 전분만 남기고 물을 따라 버린다.

4. 볼에 전분, 갈아준 감자, 소금을 모두 넣고 잘 섞는다.

5. 예열한 팬에 올리브유를 두르고 반죽을 올려 앞뒤로 바삭하게 구워준다.

6. 초간장 재료를 한데 모두 넣고 섞어 감자전에 곁들인다.

💬 **Tip**

크게 하나로 부치는 것보다 작은 반죽으로 여러 개 나누어 굽는 게 더 바삭해요!

감자치즈떡 아침

 재료

감자 4개
모차렐라치즈 100g
올리브유 3T
감자전분 1〜2T
비정제원당 1T
소금 1/2t

만드는 법

1. 감자를 깨끗이 씻은 뒤 쪄준다.

2. 감자가 뜨거운 상태에서 껍질을 벗기고 볼에 담아 으깬다.

3. 으깬 감자에 감자전분, 비정제원당, 소금을 모두 넣고 잘 섞는다.

4. 감자 반죽을 한입 크기로 떼어 둥글게 굴려준 뒤 가운데를 오목하게 눌러 모차렐라치즈를 넣는다.

5. 모차렐라치즈가 빠져나오지 않도록 꼼꼼하게 반죽을 잘 덮고 동그랗게 빚어준다.

6. 예열한 팬에 올리브유를 두르고 굴려가며 익힌다.

닭안심토마토치즈리조또

 재료

닭안심살 300g
찬밥 3~4공기 (500g 내외)
양파 1/4개
파프리카 1/2개
당근 1/4개
모차렐라치즈 200g
유기농 토마토소스 2컵
올리브유 1T
맛술 1t
소금 1/2t
후추 1/2t
파슬리가루 1t

만드는 법

1. 닭안심살을 한입 크기로 자르고 맛술, 소금, 후추를 넣어 밑간한다.

2. 양파, 파프리카, 당근을 모두 다져준다.

3. 예열한 팬에 올리브유를 두르고 손질한 채소를 볶는다.

4. 채소가 어느 정도 익으면 닭안심살을 넣고 볶는다.

5. 닭안심살이 익으면 밥과 토마토소스를 넣고 잘 섞은 뒤 불을 끈다.

6. 오븐용 용기에 밥을 담고 위에 모차렐라치즈를 뿌린다.

7. 200도로 예열한 오븐에서 7~10분 치즈가 노릇하게 구워질 정도로 굽는다.

8. 완성된 닭안심토마토치즈리조또 위에 파슬리가루를 뿌려준다.

💬 Tip

오븐이 없다면 밥 위에 치즈를 뿌리고 냄비 뚜껑을 덮어 녹이면 됩니다. 닭안심살 대신 해산물이나 소고기를 넣어도 잘 어울려요!

달걀피자 아침

재료

달걀 6개
양파 1/2개
파프리카 1개 (또는 피망)
방울토마토 6개
느타리버섯 100g
토마토소스 5T
올리브유 1T
모차렐라치즈 200g
소금 1/2t

만드는 법

1. 달걀을 깨트려 소금을 넣고 잘 풀어준다.
2. 양파, 파프리카를 채 썰어 준비한다.
3. 방울토마토를 반으로 자르고, 느타리버섯을 적당한 크기로 자른다.
4. 예열해둔 팬에 올리브유를 골고루 바르고 달걀물을 부은 뒤 뚜껑을 덮어 약불에서 익힌다.
5. 지단이 중심부까지 잘 익으면 뒤집어 앞뒤로 익혀준다.
6. 지단의 가장 자리를 조금 남겨두고 토마토소스를 골고루 바른다.
7. 준비해둔 양파, 파프리카, 방울토마토, 느타리버섯을 모두 올린다.
8. 치즈를 뿌리고 뚜껑을 덮어 치즈가 녹을 때까지 약불에서 익힌다.

Tip

달걀피자는 자투리 채소를 활용하기 좋은 메뉴랍니다. 집에 있는 채소, 닭고기, 소고기 등을 활용해 토핑을 바꿔보세요. 아이들과 다양한 색의 채소를 넣어 무지개피자를 만들 수도 있어요!

재료

황태채 100g
무 1/3토막
콩나물 150g
달걀 1개
다시마 1장
생들기름 1T
물 8컵

국물 양념

다진 마늘 1T
새우젓 1t (또는 멸치액젓)
간장 1/2T
소금 1t
후추 1t

만드는 법

1. 황태채를 물에 살짝 담갔다가 건져내 먹기 좋은 크기로 찢어준다.

2. 무를 굵게 채 썰고 콩나물을 다듬는다.

3. 달걀은 깨트려 풀어준다.

4. 냄비에 물 1/2컵을 넣고 찢어둔 황태채를 볶는다.

5. 황태채가 보들보들해지면 물 1/2컵을 더 넣고 볶는다.

6. 물이 졸아들면 또 물 1/2컵을 넣는 과정을 4번 반복한다.

7. 물 5컵과 다시마, 무를 모두 넣고 국물이 뽀얗게 우러날 때까지 20분간 끓인다.

8. 다시마를 건져내고 무가 익으면 콩나물과 국물 양념 재료를 모두 넣고 한소끔 더 끓인다.

9. 달걀물을 냄비 가장 자리에 둘러 익히고 생들기름을 두른다.

10. 부족한 간은 소금으로 맞춘다.

Tip

황태국 3컵은 다음 다음 날 아침 메뉴에 활용합니다. (건더기 포함)

아침 황태달걀죽

 재료

황태국 3컵
달걀 1개
밥 2공기 (200g)
생들기름 4t
소금 1/2t
깨 1t

 만드는 법

1. 달걀을 깨트려 풀어준다.

2. 황태국 안의 건더기(무, 콩나물, 황태)를 가위로 잘게 자르고 황태국을 끓이다가 밥을 넣고 약불에서 더 끓인다.

3. 밥알이 퍼지면 달걀물을 넣고 소금으로 간을 맞춘다.

4. 그릇에 담고 먹기 전에 생들기름을 두르고 깨를 뿌린다.

Tip

국이 부족할 땐 물을 추가해 끓이세요!

소고기토마토카레

 재료

소고기 다짐육 200g
토마토 3개
양파 1개
감자 1개
올리브유 1T
카레가루 100g

만드는 법

1. 토마토의 꼭지를 제거한 뒤 적당한 크기로 자른다.

2. 양파, 감자를 작게 깍둑썰어 준비한다.

3. 예열한 팬에 올리브유를 두르고 양파가 노르스름해질 때까지 볶아 준다.

4. 소고기 다짐육을 넣고 양파와 함께 볶는다.

5. 감자와 토마토를 넣고 함께 볶다가 토마토가 익으면 뚜껑을 덮고 약 불에서 20~30분 정도 충분히 끓여준다.

6. 채소의 수분으로 인해 물이 생기면 카레가루를 넣고 잘 풀어준다.

7. 카레가루가 잘 섞이면 한소끔 끓여 마무리한다.

🍽 4주차 메뉴

아침	저녁
오이사과샐러드	가자미버터구이
오이지주먹밥	잡채밥
잡채밥전	달걀장
달걀장샌드위치	양배추쌈과 두부된장
대패삼겹말이밥	바질페스토파스타

🧺 4주차 장보기

주재료	구매량
오이	2개
사과	3주에 구매
파프리카	1개
가자미	2미
버터(2개월분)	200g
달걀	20개
오이지 오이	1개
당면	500g
당근	3주에 구매
양파	1망(4개)
느타리버섯	200g
부추	170g
대파	3주에 구매
식빵	1봉지
감자	500g(4~5개)
양배추	1/2통
두부	2모
대패삼겹살	600g
파스타 면	500g
새우	500g
방울토마토	3주에 구매
마늘	200g
바질	60g
잣	120g
파마산치즈	200g

부재료
마요네즈
애플사이다비니거
비정제원당
소금
후추
생들기름
다진 마늘
비정제원당 시럽
고춧가루
깨
올리브유
간장
참기름
된장
장식용 타임(선택)
파슬리가루(선택)
견과류(선택)

 재료

오이 1개
사과 1개
파프리카 1/2개
장식용 타임 1줄기 (선택)

 드레싱
마요네즈 2T
애플사이다비니거 2T
비정제원당 1t

🥣 오이사과샐러드

🍳 **만드는 법**

1. 오이, 사과의 껍질과 씨를 제거한 뒤 한입 크기로 깍둑썬다.

2. 파프리카의 씨를 제거하고 한입 크기로 깍둑썬다.

3. 드레싱 재료를 한데 모두 넣고 섞어준다.

4. 볼에 손질한 오이, 사과, 파프리카를 모두 넣고 드레싱을 뿌려 골고루 버무린다.

5. 그릇에 오이사과샐러드를 담고 장식용 타임을 위에 올린다.

가자미버터구이 저녁

 재료

손질된 가자미 2미
버터 20g
밀가루 1/4컵
소금 1/2t
후추 1/2t

만드는 법

1. 손질된 가자미를 흐르는 물에 가볍게 씻은 뒤 키친타월로 물기를 제거한다.

2. 가자미에 소금, 후추를 뿌려 밑간하고 밀가루를 앞뒤로 골고루 묻혀준다.

3. 예열한 팬에 버터를 녹이고 중약불에 가자미를 앞뒤로 10~15분 동안 노릇하게 익힌다.

Tip

가자미를 구울 때는 먼저 살 부분을 아래에 놓고 구워줍니다.

오이지주먹밥 (아침)

 재료

밥 3~4공기 (500g 내외)
달걀 2개
생들기름 1/2t

오이지무침
오이지 오이 1개
다진 마늘 1t
생들기름 1t
비정제원당 시럽 1/2t
비정제원당 1/2t
고춧가루 1t
깨 1t

만드는 법

1. 오이지를 동그랗게 썰고 찬물에 담가 짠맛을 뺀다.

2. 짠맛을 뺀 오이지를 찬물에 헹군 뒤 물기를 꼭 짜준다.

3. 오이지무침 재료를 한데 모두 넣고 조물조물 무친다.

4. 달걀을 깨트려 풀어준다.

5. 예열한 팬에 달걀물을 부어 달걀 스크램블을 만든다.

6. 볼에 오이지무침을 잘게 다져 넣고 밥, 달걀 스크램블을 넣는다.

7. 생들기름을 넣고 골고루 섞은 뒤 한입 크기로 동그랗게 뭉쳐준다.

 Tip

만들어둔 오이지가 있다면 오이지 한 줌으로 만들어주세요. 양념은 오이지 개수에 따라 배합해주면 됩니다.

🥣 재료

당면 100g
밥 3~4공기 (500g 내외)
당근 1/2개
양파 1/2개
느타리버섯 100g
부추 40g
올리브유 1T
소금 1t
깨 1t

양념

다진 마늘 1T
간장 2T
참기름 1T
물 1/3컵
비정제원당 1t
후추 1/2t

🍳 만드는 법

1. 당면을 미지근한 물에 담가 30분 정도 불린다.

2. 당근, 양파, 느타리버섯을 모두 채 썰고, 부추를 5cm 길이로 썬다.

3. 양념 재료를 한데 모두 넣고 섞어준다.

4. 예열한 팬에 올리브유를 두르고 손질한 채소를 넣은 뒤 소금을 뿌려 볶는다.

5. 불린 당면과 양념을 넣고 당면에 양념이 스며들도록 골고루 볶는다.

6. 당면에 양념이 잘 배고 윤기가 나면 불을 끄고 부추를 잔열에 함께 볶는다.

7. 그릇에 밥을 담고 잡채를 올린 뒤 깨를 뿌려 마무리한다.

💬 Tip

버섯은 어떤 종류를 사용해도 좋아요. 또 고기를 넣거나, 다른 자투리 채소를 활용해도 좋습니다. 잡채 150g은 다음 날 아침 메뉴에 활용합니다.

 잡채밥전

재료

잡채 150g
밥 3~4공기 (500g 내외)
달걀 2개
올리브유 2T
소금 1/2t

만드는 법

1. 잡채를 잘게 다진다.

2. 볼에 밥을 담고 다진 잡채, 달걀, 소금을 모두 넣어 골고루 잘 섞는다.

3. 예열한 팬에 올리브유를 두르고 반죽을 1T씩 떠서 올린다.

4. 동그랗게 모양을 잡아주고 한쪽 면이 노릇해지면 뒤집어 반대쪽도
   익힌다.

Tip

충분히 익히지 않고 급하게 뒤
집으면 모양을 잡기 힘들어요!

달걀장 저녁

재료

달걀 8개
양파 1/4개
대파 1/4대
파프리카 1/4개 (또는 홍고추 1개) (선택)
소금 1/2t

양념

간장 1/2컵
물 1/2컵
비정제원당 4T

만드는 법

1. 달걀을 실온에 두어 찬기를 뺀다.
2. 냄비에 물을 붓고 소금을 넣어 끓인다.
3. 물이 끓으면 꺼내둔 달걀이 깨지지 않게 살살 냄비에 넣는다.
4. 달걀을 7분간 삶아준 뒤 바로 찬물에 헹궈 껍질을 벗긴다.
5. 양파, 대파, 파프리카를 작은 큐브 모양으로 썰어준다.
6. 용기에 양념 재료를 모두 넣고 원당이 완전히 녹을 때까지 잘 섞어준다.
7. 양념에 준비해둔 채소, 달걀을 모두 넣고 반나절 동안 냉장 보관 후 먹는다.

Tip

달걀장 달걀 4개는 다음 날 아침 메뉴에 활용합니다.

아침 달걀장샌드위치

재료

달걀장 달걀 4개
식빵 4장
감자 1개
오이 1/2개
마요네즈 2T
소금 1/2t
후추 1/2t
파슬리가루 1t (선택)

만드는 법

1. 감자를 쪄준 뒤 뜨거운 상태에서 껍질을 벗긴다.
2. 볼에 껍질을 벗긴 찐 감자와 마요네즈, 소금, 후추를 모두 넣고 으깨준다.
3. 오이를 반으로 갈라 씨를 제거하여 편 썰어준다.
4. 오이에 소금을 뿌려 5분간 절인 뒤 물에 씻고 물기를 짠다.
5. 으깬 감자에 오이를 모두 넣고 섞어 샌드위치 소를 만든다.
6. 달걀장 달걀을 모두 반으로 잘라준다.
7. 식빵에 샌드위치 소를 펴바르고 달걀을 올린다.
8. 그 위에 샌드위치 소를 올리고 다른 빵으로 덮는다.
9. 완성된 달걀장샌드위치를 반으로 자른 뒤 파슬리가루를 뿌려준다.

Tip

달걀장을 먹기 편하게 감자와 함께 으깨 넣어도 됩니다.

양배추쌈과 두부된장 저녁

 재료

양배추 1/2통
밥 3~4공기 (500g 내외)

두부된장
두부 1/2모
양파 1/2개
된장 3T
견과류 30g (선택)

만드는 법

1. 양파와 견과류를 잘게 다져준다.

2. 두부된장 재료를 한데 모두 넣고 두부를 으깨가면서 섞어준다.

3. 김이 오른 찜기에 양배추를 5~10분 정도 쪄준다.

4. 만들어둔 두부된장을 밥과 함께 양배추쌈에 싸먹는다.

재료

대패삼겹살 600g
밥 3~4공기 (500g 내외)
당근 1/4개
양파 1/4개
파프리카 1/4개
올리브유 1T
소금 1/2t

만드는 법

1. 당근, 양파, 파프리카를 잘게 다져준다.

2. 예열한 팬에 올리브유를 두르고 다진 채소와 소금을 넣어 볶는다.

3. 볼에 밥과 볶은 채소를 넣고 잘 섞어준다.

4. 밥을 한입 크기로 동그랗게 뭉친 뒤 비엔나소시지처럼 길쭉하게 모양을 잡는다.

5. 대패삼겹살을 볼펜 길이 정도로 자른다.

6. 대패삼겹살 위에 밥을 올려 돌돌 말아준다.

7. 예열한 팬에 대패삼겹말이밥을 올리고 약불에 구워 익힌다.

 Tip

먼저 삼겹살이 맞닿는 부분부터 아래를 향하게 구워주세요. 그래야 삼겹살이 밥과 분리되지 않고 잘 붙어요!

바질페스토파스타

🥣 재료

바질페스토 10T
파스타 면 400g
새우 200g
방울토마토 10개
마늘 7쪽
올리브유 4T
소금 1/2t
후추 1/2t
파마산치즈 2T (선택)

바질페스토
바질 60g
잣 30g
마늘 2쪽
올리브유 50g
소금 1t
파마산치즈 35g

🍳 만드는 법

1. 끓는 물에 소금과 파스타를 모두 넣고 제품에 표기된 시간보다 2분 정도 직게 삶아준다.

2. 바질페스토 재료를 모두 블렌더로 갈아준다.

3. 마늘 절반은 편 썰고 나머지 절반은 다진다.

4. 팬에 올리브유를 두르고 약불에서 손질한 마늘을 모두 넣어 볶는다.

5. 마늘기름 향이 올라오면 새우, 방울토마토를 넣고 볶는다.

6. 삶은 파스타 면, 바질페스토를 모두 넣고 후추를 뿌려 살짝 볶는다.

7. 그릇에 담고 파마산치즈를 뿌린다.

4개월 밥상 차리기

🍽 1주차 메뉴

아침	저녁
새우볶음밥	팽이버섯전
단호박버무리	감바스알아히오
토마토두부달걀볶음	단호박크림리조또
두부수프	오징어간장볶음
팽이버섯된장국	버섯비빔밥

🧺 1주차 장보기

주재료	구매량
달걀	20개
대파(1, 2주)	500g
새우	1.5kg
양파(1, 2주)	1망(4개)
팽이버섯	300g
단호박	1통
마늘	200g
양송이버섯	260g
방울토마토	1팩(500g)
두부	2모
생크림	200ml
우유	1L
오징어	450g(3마리)
양배추(1, 2주)	1통(1kg 내외)
당근	500g(4~5개)
애호박	1개
느타리버섯	200g

부재료
올리브유
간장
소금
후추
마요네즈
비정제원당 시럽
시나몬가루
페페론치노
다진 마늘
다진 대파
참기름
맛술
고춧가루
비정제원당
깨
청양고추(선택)

새우볶음밥 (아침)

재료

밥 3~4공기 (500g 내외)
달걀 3개
대파 1/2대
새우 500g
양파 1/2개
올리브유 2T
간장 1T
소금 1/2t
후추 1/2t
파슬리가루 1t (선택)

만드는 법

1. 달걀을 깨트려 풀어주고, 대파를 송송 썬다.

2. 새우는 머리를 떼고 껍질을 까서 내장을 빼준다.

3. 양파를 다져준다.

4. 팬에 올리브유를 두르고 다진 양파와 대파를 볶는다.

5. 파기름 향이 올라오면 달걀물을 넣고 국자 뒷면으로 누르듯이 돌려가며 달걀을 익혀준다.

6. 밥을 넣고 볶다가 새우를 넣고 함께 볶는다.

7. 팬 한쪽에 간장을 붓고 잠시 두었다가 볶음밥과 골고루 볶아준다.

8. 소금, 후추를 넣고 간을 맞춘다.

9. 파슬리가루를 뿌려준다.

 Tip

국자 뒷면으로 밥알을 누르듯이 볶아주면 고슬고슬한 볶음밥을 만들 수 있어요!

팽이버섯전

재료

팽이버섯 150g
달걀 2개
올리브유 2T
소금 1/2t
후추 1/2t

만드는 법

1. 팽이버섯의 밑동을 잘라내고 버섯을 가위로 작게 잘라 볼에 담는다.

2. 자른 팽이버섯에 달걀을 깨트려 넣고, 소금, 후추와 함께 잘 섞는다.

3. 예열한 팬에 올리브유를 두르고 팽이버섯을 1T씩 떠서 올린다.

4. 동그랗게 모양을 잡아주고 한쪽 면이 노릇해지면 뒤집어 익힌다.

Tip

팽이버섯을 자르지 않고 달걀
물에 펼쳐서 푹 담갔다가 구워
주면 식감을 살릴 수 있어요.

단호박버무리

 재료

단호박 1/2통
마요네즈 1T
비정제원당 시럽 2T
시나몬가루 1t

만드는 법

1. 단호박을 깨끗이 씻어 속을 파내고 4등분한다.

2. 김이 오른 찜기에 단호박의 껍질 부분이 위로 오게 놓고 10분 동안 쪄준다.

3. 찐 단호박의 껍질을 벗기고 뜨거운 상태에서 마요네즈, 비정제원당 시럽, 시나몬가루를 모두 넣고 으깨면서 섞는다.

Tip

• 제철 단호박은 당도가 높으므로 비정제원당 시럽을 생략해도 괜찮습니다.
• 식빵에 발라 샌드위치를 만들거나 견과류를 토핑해서 즐겨보세요!

 감바스알아히요 저녁

 재료

새우 500g
마늘 10쪽
양송이버섯 130g
방울토마토 6개
페퍼론치노 3~4개
올리브유 1컵
소금 1t
후추 1t

💬 **Tip**

• 가지, 감자 등 남은 재료를
넣어 활용하세요.
• 파스타면을 삶아 넣고 오일
파스타를 만들어도 맛있어
요!

🍳 **만드는 법**

1. 새우는 머리를 떼고 껍질을 까서 내장을 빼준다.

2. 새우의 꼬리만 남기고 껍질을 벗긴 뒤 소금 1/2t, 후추 1/2t으로 밑간
한다.

3. 마늘을 굵게 편 썰고, 버섯은 적당한 크기로 잘라 준비한다.

4. 예열한 팬에 올리브유를 두르고 중약불에서 마늘을 볶는다.

5. 마늘기름 향이 올라오고 마늘 겉면이 노릇해지면 새우, 방울토마토,
양송이버섯을 넣는다.

6. 새우가 붉게 익으면 페퍼론치노를 부숴 넣고 소금 1/2t, 후추1/2t으
로 간을 맞춘다.

토마토두부달걀볶음 아침

 재료

방울토마토 10개 (또는 토마토 1개)

두부 1/2모

달걀 2개

다진 마늘 1t

다진 대파 1T

올리브유 2T

소금 1/2t

후추 1/2t

만드는 법

1. 달걀을 깨트려 잘 풀어준다.

2. 두부를 먹기 좋은 크기로 깍둑썰어 풀어둔 달걀에 넣고 섞어준다.

3. 방울토마토를 다지듯이 잘게 자른다.

4. 예열한 팬에 올리브유를 두르고 다진 마늘, 다진 대파를 볶는다.

5. 파마늘기름 향이 올라오면 잘라준 방울토마토를 넣고 익힌다.

6. 방울토마토를 한쪽으로 밀어놓은 뒤 두부달걀물을 붓고 살살 저으며 볶아준다.

7. 달걀이 80% 정도 익으면 소금, 후추를 넣고 토마토와 함께 볶는다.

단호박크림리조또

 재료

단호박 1/2개
새우 500g
밥 3~4공기 (500g 내외)
양파 1/2개
다진 마늘 1T
생크림 1컵
우유 2컵
올리브유 1T
소금 1/2t
후추 1/2t

만드는 법

1. 단호박을 찜기에 쪄준 뒤 뜨거운 상태에서 으깬다.

2. 새우는 머리를 떼고 껍질을 까서 내장을 뺀 뒤 소금, 후추로 밑간해 볶는다.

3. 양파를 잘게 다진다.

4. 예열한 팬에 올리브유를 두르고 다진 양파, 다진 마늘을 볶아준다.

5. 으깬 단호박을 넣고 함께 살짝 볶다가 재료가 잠길 정도로 물을 넣어 끓인다.

6. 물이 끓으면 밥을 넣고 섞어준 뒤 우유, 생크림을 넣어 밥알이 퍼질 때까지 약불에서 끓인다.

7. 리조또를 그릇에 담고 새우를 올려 곁들인다.

Tip

버섯, 오징어 등 남은 주재료를 활용해보세요! 남은 닭안심살이나 닭가슴살을 토핑해도 맛있어요!

두부수프

재료

두부 1모
우유 1컵
물 1컵
소금 1/2t
후추 1/2t

만드는 법

1. 두부, 우유, 물을 블렌더로 부드럽게 갈아준다.

2. 갈아준 것을 냄비에 붓고 중약불에서 원하는 농도로 끓인다.

3. 소금, 후추를 넣어 간을 맞춘다.

Tip

냄비에 모두 넣고 핸드블렌더로 갈아준 뒤 끓여도 좋아요.

오징어간장볶음 저녁

재료

오징어 2마리
양파 1/2개
양배추 1/4통
당근 1/4개
애호박 1/2개
대파 1/2대
올리브유 2T
참기름 1T

양념

다진 마늘 1t
비정제원당 시럽 2T
간장 2T
맛술 2T
물 3T

만드는 법

1. 오징어 머리와 몸통을 분리해 내장을 빼고 깨끗이 씻어 손질한다.

2. 오징어를 먹기 좋은 크기로 자른다.

3. 양파, 양배추를 굵게 채 썰고, 당근, 애호박은 먹기 좋은 크기로 편 썰어준다.

4. 대파를 어슷하게 썬다.

5. 양념 재료를 한데 모두 넣고 섞어준다.

6. 예열한 팬에 올리브유를 두르고 손질한 양파, 양배추, 당근을 넣어 볶는다.

7. 채소가 익으면 손질한 오징어, 애호박, 양념을 넣고 센 불에서 빠르게 볶는다.

8. 오징어가 익으면 마지막에 대파를 넣고 참기름을 뿌려 마무리한다.

💬 Tip

개인의 기호에 따라 오징어 껍질을 벗겨도 됩니다. 오징어는 오래 볶으면 질겨지고 물이 나오므로 센 불에서 빠르게 볶아주세요!

팽이버섯된장국

🥣 재료

팽이버섯 75g
두부 1/2모
다진 마늘 1T
된장 2T
물 5컵
고춧가루 1t
소금 1/2t

🍳 만드는 법

1. 팽이버섯을 먹기 좋은 크기로 자른다.

2. 두부를 깍둑썰어 준비한다.

3. 냄비에 물이 끓으면 된장을 풀고 팽이버섯과 두부를 넣어 끓인다.

4. 다진 마늘, 고춧가루를 모두 넣고 한소끔 더 끓인다.

5. 부족한 간은 소금으로 맞춘다.

버섯비빔밥 저녁

재료

팽이버섯 75g
느타리버섯 100g
양송이버섯 130g
밥 3~4공기 (500g 내외)
올리브유 1T

양념장
다진 마늘 1t
간장 2T
참기름 1T
비정제원당 1t
후추 1/2t
깨 1/2t
청양고추 1/2개 (선택)

만드는 법

1. 팽이버섯은 밑동을 자르고, 느타리버섯은 먹기 좋게 찢어서 준비한다.

2. 양송이버섯은 채 썰어 준비한다.

3. 예열한 팬에 올리브유를 두르고 느타리버섯, 양송이버섯을 먼저 볶다가 팽이버섯을 넣고 살짝 볶는다.

4. 양념장 재료를 한데 모두 넣고 섞는다.

5. 그릇에 밥을 담아 볶은 버섯들을 올리고 양념장을 곁들인다.

🍽 2주차 메뉴

아침

오믈렛

단호박수프

오버나이트오트밀

순두부달걀찜

들깨뭇국

저녁

스테이크덮밥

바지락순두부맑은국

고등어무조림

무생채비빔밥

묵은지들기름파스타

🧺 2주차 장보기

주재료	구매량
달걀	20개
버터	3개월에 구매
스테이크용 소고기	400g
양배추	1주에 구매
청경채	150g
단호박	1통
감자	500g(4~5개)
양파	1망(4개)
생크림	200ml
우유	1L
바지락	1봉지(500g)
순두부	800g
대파	1주에 구매
오트밀	500g
바나나	1팩(3~4개)
딸기	1팩(500g)
고등어	1미
무	1kg 내외
당근	500g(4~5개)
부추	170g
파스타 면	500g
마늘	200g
깻잎	40g
래디시(선택)	100g

부재료
소금
올리브유
후추
맛술
간장
비정제원당
다진 마늘
새우젓
쌀뜨물
고추장
다시마
고춧가루
생들기름
멸치액젓
깨
들깻가루
페퍼론치노
묵은지
청양고추(선택)
견과류(선택)
장식용 타임(선택)

오믈렛

재료

달걀 8개
버터 60g
소금 2t

만드는 법

1. 볼에 달걀을 깨트려 소금을 넣고 거품이 날 때까지 부드럽게 젓는다.

2. 팬에 버터를 두르고 중약불로 예열한다.

3. 녹은 버터에 달걀물을 붓고 골고루 퍼지게 한 뒤 가장 자리가 익으면 달걀 스크램블을 만들듯이 젓는다.

4. 달걀이 70% 정도 익었을 때 팬을 한쪽으로 기울여 모양을 잡는다.

5. 잔열로 조금 더 익혀 접시에 담는다.

 Tip

달걀 8개로 한 번에 오믈렛을 만드는 것은 어려워요. 달걀을 2개 또는 4개로 나눠서 만들어보세요! 구운 채소나 샐러드를 곁들여 먹으면 좋습니다.

재료

소고기 400g (채끝, 등심, 안심
등 스테이크용)
밥 3~4공기 (500g 내외)
양배추 1/4통
청경채 150g
올리브유 1T
소금 1/2t
후추 1/2t
래디시 40g (선택)

소스

맛술 3T
간장 2.5T
물 1/2컵
비정제원당 2T
후추 1/2t

🍲 만드는 법

1. 소고기는 키친타월로 핏물을 제거한 뒤 올리브유, 소금, 후추로 밑간한다.

2. 양배추와 청경채를 적당한 크기로 잘라 찜기에 찐다.

3. 래디시를 장식용으로 슬라이스한다.

4. 예열한 팬에 소고기를 올리고 센 불에서 굽는다.

5. 소고기의 한 면이 익으면 뒤집어 반대쪽을 굽는다.

6. 구운 소고기의 육즙이 빠져나가지 않도록 종이 포일로 싸준다.

7. 팬에 소스 재료를 모두 넣고 보글보글 끓인다.

8. 소고기를 먹기 좋은 크기로 잘라준다.

9. 그릇에 밥을 담고 찐 채소, 소고기를 올린 뒤 소스를 뿌린다.

10. 래디시를 올려 장식해준다.

단호박수프

재료

단호박 1통
감자 1개
양파 1/2개
올리브유 1T
생크림 1컵
우유 2컵
비정제원당 1T
소금 1t
후추 1/2t

Tip

단호박이 제철이라 당도가 높을 땐 비정제원당을 넣지 않아도 됩니다.

만드는 법

1. 단호박을 전자레인지에 3분 정도 돌리거나, 김이 오른 찜통에 넣고 쪄준다.

2. 찐 단호박의 껍질을 제거하고 작게 자른다.

3. 감자의 껍질을 제거한 뒤 얇게 썰고, 양파를 채 썰어준다.

4. 올리브유를 두른 냄비에 양파를 볶다가 투명해지면 단호박, 감자를 넣어 살짝 볶는다.

5. 재료가 잠길 정도로 물을 붓고 중불에서 끓인다.

6. 단호박, 감자가 익으면 한 김 식혀 블렌더로 갈아준다.

7. 우유, 생크림을 넣고 잘 섞은 뒤 약불에서 끓인다.

8. 비정제원당, 소금, 후추를 모두 넣고 원하는 농도까지 끓인다.

바지락순두부맑은국 저녁

 재료

바지락 500g
순두부 400g
달걀 3개
대파 1/2개
다진 마늘 1T
새우젓 1t (또는 액젓)
소금 1/2t
후추 1/2t
청양고추 1개 (선택)

만드는 법

1. 바지락을 깨끗한 물로 헹군 뒤 소금물에 푹 담가 어두운 곳에서 2~3 시간 정도 해감한다.

2. 달걀을 깨트려 소금을 넣고 잘 풀어준다.

3. 순두부를 크게 썰고, 대파는 송송 썬다.

4. 냄비에 물을 붓고 순두부를 넣어 끓인다.

5. 물이 끓으면 새우젓과 다진 마늘을 모두 넣는다.

6. 바지락을 넣은 뒤 입을 벌리면 달걀물을 돌려가며 붓는다.

7. 마지막으로 대파, 소금, 후추를 넣는다. (매콤한 맛을 가미하고 싶다면 청양고추 추가)

Tip

청양고추를 송송 썰어 넣어주
면 매콤하게 즐길 수 있어요!

아침 오버나이트오트밀

재료

오트밀 120g
우유 2컵
바나나 4개
딸기 8개
견과류 60g (선택)
장식용 타임 1줄기 (선택)

만드는 법

1. 유리병이나 용기에 오트밀과 우유를 담아 뚜껑을 닫고 냉장고에 5~6시간 정도 넣어둔다.

2. 냉장고에서 꺼낸 오트밀에 견과류, 바나나, 딸기 등을 취향에 따라 토핑한다.

3. 장식용 타임을 올려준다.

Tip

전날 밤에 오트밀을 우유에 불려두면 다음 날 아침에 바로 먹을 수 있어요!

고등어무조림 저녁

 재료

손질한 고등어 1미
무 1/3토막
쌀뜨물 3컵

조림양념
다진 마늘 1T
고추장 1t
간장 2T
맛술 1T
비정제원당 1/2T
고춧가루 1T

💬 **Tip**

비린내에 민감하지 않다면 냉
동으로 손질된 고등어를 사용
하거나, 쌀뜨물에 담그는 과정
을 생략해도 괜찮아요!

🍳 **만드는 법**

1. 손질한 고등어의 두꺼운 부분에 살짝 칼집을 넣고 쌀뜨물 2컵에 담
가 비린내를 제거한다.

2. 무를 적당한 두께로 나박 썬다.

3. 조림양념 재료를 한데 모두 넣고 섞는다.

4. 냄비에 무를 깔고 그 위에 고등어, 조림양념을 모두 넣고 쌀뜨물 1컵
을 부어 중불에서 끓인다.

5. 물이 끓으면 약불로 줄이고 국물이 반으로 졸아들 때까지 끓인다.

 순두부달걀찜

재료

순두부 200g
달걀 3개
양파 1/4개
당근 1/4개
부추 40g
올리브유 1T
물 1/4컵
소금 1/2t

만드는 법

1. 순두부를 두껍게 6등분으로 자른다.

2. 양파, 당근, 부추를 잘게 다진다.

3. 달걀을 깨트려 물과 다진 채소, 소금을 모두 넣고 잘 풀어준다.

4. 예열된 팬에 올리브유를 두르고 약불에서 순두부를 살짝 굽는다.

5. 달걀물을 붓고 뚜껑을 덮은 뒤 약불에서 달걀을 익힌다.

Tip

소량으로 만들 때는 순두부를
굽는 과정을 빼고 중탕으로 익
혀주세요!

무생채비빔밥

 재료

무 1/3토막
밥 3~4공기 (500g 내외)
대파 1/2대
달걀 4개
다진 마늘 1/2T
생들기름 4t
멸치액젓 2T
비정제원당 1T
고춧가루 1.5T
깨 1t

만드는 법

1. 무를 채 썰고 대파를 무 길이에 맞춰 길게 썰어준다.

2. 볼에 채 썬 무와 대파, 고춧가루, 비정제원당, 다진 마늘, 멸치액젓을 모두 넣어 잘 버무린다.

3. 달걀프라이를 만든다.

4. 넓은 그릇에 밥을 담고 무생채와 달걀프라이를 올린 뒤 생들기름을 두른다.

5. 대파를 잘게 썬 뒤 깨와 함께 위에 뿌려준다.

Tip

아이들과 함께 먹을 때는 고춧
가루 양을 적게 넣어주세요!

들깨뭇국

재료

무 1/3토막
다시마 1장
다진 마늘 1t
생들기름 1T
쌀뜨물 5컵
멸치액젓 1T
들깻가루 4T
소금 1/2t

만드는 법

1. 깨끗하게 씻은 무를 굵게 채 썰어준다.

2. 냄비에 채 썬 무, 다시마, 쌀뜨물을 넣고 끓인다.

3. 끓으면 다시마를 건져내고 다진 마늘, 멸치액젓, 들깻가루를 모두 넣고 한소끔 더 끓인다.

4. 무가 익으면 소금으로 간을 맞춘다.

5. 먹기 직전에 생들기름을 두른다.

묵은지들기름파스타 저녁

 재료

묵은지 1/2포기
파스타 면 400g
마늘 10쪽
페퍼론치노 5개
깻잎 20g (또는 깻잎순)
올리브유 4T
생들기름 4t
소금 2T
후추 1/2t

🍲 **만드는 법**

1. 물에 소금을 넣고 끓인다. (물 1L당 소금 1T)

2. 물이 끓으면 파스타 면을 제품에 표기된 시간보다 2분 적게 삶고 면수 1컵은 따로 빼둔다.

3. 묵은지의 속을 빼고 물에 씻어 양념을 제거한다.

4. 씻은 묵은지의 물기를 꼭 짜준 뒤 면처럼 길고 얇게 채 썬다.

5. 마늘을 굵게 편 썰어준다.

6. 예열한 팬에 올리브유를 두르고 마늘을 넣는다.

7. 중약불에서 마늘을 튀기듯이 천천히 굽다가 노릇해지면 마늘을 눌러 살짝만 으깬다.

8. 으깬 마늘에 묵은지와 페퍼론치노를 모두 넣고 삶은 파스타 면을 넣는다.

9. 파스타에 면수를 1컵 넣고 소금으로 간해서 볶아준다.

10. 파스타에 깻잎을 대충 찢어 넣고 숨이 죽을 정도로만 볶는다.

11. 접시에 면을 나눠 담고 팬에 남은 소스를 뿌린 뒤 후추, 생들기름을 뿌린다.

3주차 메뉴

아침	저녁
고구마샐러드	닭안심채소볶음
케일게살볶음밥	차돌박이숙주찜
토마토밥브리또	취나물솥밥
크래미파인애플샌드위치	봉골레파스타
떠먹는고구마피자	소고기두부샌드

3주차 장보기

주재료	구매량
고구마	1.5kg(약 8개)
우유	200ml
아몬드 (또는 다른 견과류)	180g
닭안심살	300g
양파(3, 4주)	1망(4개)
대파(3, 4주)	300g
느타리버섯	200g
파프리카	2개
브로콜리	400g
마늘(3, 4주)	200g
케일	100g
게살	100g
달걀	10개
숙주	400g
차돌박이	300g
유기농 토마토소스	400g
토르티야	10장
모차렐라치즈	200g
취나물	100g
당근(3, 4주)	500g(4~5개)
크래미	280g
파인애플 슬라이스	540g
식빵	1봉지
청상추	120g
토마토(3, 4주)	1kg(6개)
슬라이스치즈	5장
모시조개	400g
파스타면	500g
앤초비	50g
루꼴라	50g
무항생제 햄	100g
소고기 다짐육	200g
두부	2모

부재료

- 비정제원당 시럽
- 소금
- 올리브유
- 후추
- 굴소스
- 간 양파
- 간장
- 식초
- 비정제원당
- 다진 마늘
- 생들기름
- 다진 대파
- 참기름
- 맛술
- 고춧가루
- 깨
- 마요네즈
- 할라페뇨
- 머스터드소스
- 홀그레인 머스터드
- 페퍼론치노
- 전분가루
- 청양고추(선택)
- 통후추(선택)
- 파슬리가루(선택)

아침 고구마샐러드

재료

고구마 3개
아몬드 30g (또는 견과류)
우유 4T
비정제원당 시럽 2T
소금 1t

만드는 법

1. 김이 오른 찜기에 고구마를 넣고 20~25분 정도 쪄준다.

2. 찐 고구마의 껍질을 벗기고 볼에 담아 으깬다.

3. 견과류를 다져서 으깬 고구마에 넣고 우유, 비정제원당 시럽, 소금을
   모두 넣고 잘 버무린다.

닭안심채소볶음 저녁

재료

닭안심살 300g
양파 1/2개
느타리버섯 100g
파프리카 1개
브로콜리 1/2개
마늘 10쪽
대파 1/2대
올리브유 1T
소금 1/2t
후추 1/2t

Tip

데리야끼소스(간장, 비정제원당
시럽, 맛술 1:1:1 비율)로 응용해
도 좋아요. 6번 과정에 넣고 윤
기가 날 때까지 졸여주면 됩
니다.

만드는 법

1. 양파, 느타리버섯, 파프리카, 브로콜리를 모두 적당한 크기로 썬다.

2. 마늘을 편 썰고, 대파는 2cm 길이로 썰어준다.

3. 닭안심살은 먹기 좋은 크기로 자른다.

4. 예열한 팬에 올리브유를 두르고 파, 마늘을 볶는다.

5. 파마늘기름의 향이 올라오고 마늘이 노릇해지면 닭안심살을 볶아
   준다.

6. 닭안심살이 익으면 손질한 채소를 모두 넣고 살짝 볶는다.

7. 소금, 후추를 넣고 뚜껑을 덮어 약불에서 채소를 쪄주듯이 3분 동안
   익혀준다.

재료

케일 50g
게살 50g
밥 3~4공기 (500g 내외)
달걀 2개
대파 1/4대
파프리카 1/2개
올리브유 1T
굴소스 2T
소금 1/2t
후추 1/2t

만드는 법

1. 케일을 돌돌 말아 얇게 채 썬다.

2. 게살의 물기를 짜주고 달걀은 깨트려 잘 풀어준다.

3. 대파, 파프리카를 잘게 다져준다.

4. 예열한 팬에 올리브유를 두르고 달걀물을 부어 달걀스크램블을 만든다.

5. 달걀이 다 익으면 밥을 넣고 볶아준다.

6. 잘게 다진 대파, 파프리카를 넣고 볶다가 굴소스, 소금, 후추를 넣고 간을 맞춘다.

7. 밥이 고슬고슬해지면 게살과 케일을 넣고 가볍게 볶아 마무리한다.

저녁 차돌박이숙주찜

재료

차돌박이 300g (또는 우삼겹,
불고기용, 샤브샤브용 고기)
숙주 400g
물 1/3컵

소스
청양고추 5~6개
간 양파 1/2컵
간장 3T
식초 3T
비정제원당 3T

만드는 법

1. 숙주를 깨끗하게 씻어 손질한다.

2. 깊은 냄비나 웍에 숙주, 고기를 번갈아 쌓는다.

3. 물을 넣고 뚜껑을 덮어 아주 약한 불에 5~7분 동안 쪄준다.

4. 소스 재료를 한데 모두 넣고 섞은 뒤 고기와 숙주를 찍어 먹는다.

Tip

냄비에 고기가 겹치지 않게 깔
아줘야 잘 익어요.

토마토밥브리또

 재료

유기농 토마토소스 5T
찬밥 2공기 (200g)
토르티야 4장
양파 1/4개
파프리카 1/2개
느타리버섯 100g
브로콜리 1/2개
다진 마늘 1T
모차렐라치즈 100g
올리브유 3T

만드는 법

1. 양파, 파프리카, 느타리버섯, 브로콜리를 모두 작게 썰어준다.

2. 예열한 팬에 올리브유를 두르고 다진 마늘을 볶다가 손질한 채소를 모두 넣고 볶는다.

3. 채소가 익으면 밥과 토마토소스를 넣고 골고루 섞는다.

4. 토르티야 중앙에 토마토밥과 모차렐라치즈를 올린 뒤 양옆을 접고 싸준다.

5. 약불로 예열한 팬 위에 브리또를 앞뒤로 10분 동안 노릇하게 익혀준다.

재료

취나물 100g
쌀 1.5컵
당근 1/4개
생들기름 1T
간장 1/2T
물 1.5컵

양념장 (선택)

다진 마늘 1/2t
다진 대파 2T
간장 4T
참기름 1T
맛술 1T
비정제원당 1t
고춧가루 1T
깨 1T
청양고추 1개 (선택)

만드는 법

1. 쌀을 정수물에 깨끗하게 씻은 뒤 물을 넣고 30분 정도 불린다. (여름 30분, 겨울 1시간)

2. 취나물은 데쳐서 먹기 좋은 크기로 썬다.

3. 볼에 취나물, 생들기름, 간장을 모두 넣고 조물조물 무친다.

4. 당근을 다져준다.

5. 불린 쌀 위에 취나물과 당근을 올려 밥을 짓는다.

6. 양념장 재료를 한데 모두 넣고 섞은 뒤 밥에 곁들인다.

Tip

생취나물은 질긴 잎, 굵은 줄기 부분을 손질한 뒤 데칩니다. 건취나물은 물에 충분히 불린 뒤 데치지 말고 삶아주세요. 남은 채소나 버섯이 있다면 활용해도 좋아요.

 크래미파인애플샌드위치

 재료

크래미 280g
파인애플 슬라이스 4개
식빵 8장
청상추 8장 (또는 양상추, 로메
인 등 잎채소)
토마토 1개
슬라이스치즈 4장
할라페뇨 20개 (선택)

스프레드
마요네즈 8T
머스터드소스 4T
홀그레인 머스터드 2T

만드는 법

1. 아무것도 두르지 않은 팬에 식빵을 앞뒤로 살짝 구워준다.

2. 크래미를 먹기 좋게 찢고, 청상추를 씻어준다.

3. 토마토를 슬라이스한 뒤 키친타월로 물기를 제거한다.

4. 스프레드 재료를 한데 모두 넣고 섞는다.

5. 식빵 한쪽에 스프레드를 바른 뒤 치즈, 청상추, 토마토, 파인애플, 크래미, 할라페뇨 순으로 쌓는다.

6. 남은 식빵 한쪽에 스프레드를 발라 위에 덮어준다.

봉골레파스타

 재료

모시조개 400g
파스타 면 400g
마늘 10쪽
루꼴라 50g
앤초비 50g
페퍼론치노 5개
올리브유 5T
소금 1/2t
통후추 1/2t (선택)

만드는 법

1. 모시조개를 깨끗한 물로 헹궈 소금물에 잠기도록 담가 검은 비닐로 덮어 어두운 곳에서 2~3시간 정도 해감한다.

2. 물에 소금을 넣고 물이 끓으면 파스타 면 제품에 표기된 시간보다 2분 적게 삶고 면수 1컵은 따로 빼둔다. (물 1L당 소금 1T)

3. 마늘을 굵게 편 썰고, 루꼴라는 씻어서 준비한다..

4. 예열한 팬에 올리브유 4T을 두르고 마늘이 노르스름해지도록 볶아준다.

5. 앤초비, 페퍼론치노를 넣고 함께 볶다가 모시조개와 면수 1컵을 넣는다.

6. 면수가 끓으면 삶은 파스타 면을 넣고 볶다가 소금으로 간을 맞춘다.

7. 마지막에 루꼴라를 넣고 접시에 옮겨 담아 올리브유 1T(4인분에 나눠서)을 두르고 통후추를 갈아 뿌려준다.

떠먹는 고구마피자

 재료

토르티야 1장
고구마 4개
양파 1/2개
파프리카 1/2개
브로콜리 1/2개
무항생제 햄 5~6장
모차렐라치즈 100g
올리브유 1T
마요네즈 2T
유기농 토마토소스 4T
소금 1/2t
후추 1/2t
파슬리가루 1t (선택)

만드는 법

1. 고구마를 삶아 3개는 껍질을 벗기고 뜨거울 때 으깨서 마요네즈, 소금, 후추를 모두 넣고 골고루 섞어준다.

2. 남은 고구마 1개는 껍질을 벗기고 토핑용으로 적당히 잘라둔다.

3. 양파, 파프리카, 브로콜리, 햄을 작은 큐브 모양으로 자른다.

4. 예열한 팬에 올리브유를 두르고 잘라놓은 재료들을 모두 넣어 볶아준다.

5. 팬에 토르티야를 깔고 토마토소스를 잘 펴바른 뒤 으깬 고구마, 볶은 채소, 햄, 치즈 순으로 올린다.

6. 맨 위에 작은 큐브로 자른 고구마를 올려 뚜껑을 덮고 약불에서 치즈가 녹을 때까지 익힌다.

7. 파슬리가루를 뿌려준다.

 Tip

냉장고에 남은 재료를 토핑으로 활용해보세요!

소고기두부샌드 저녁

 재료

소고기 다짐육 200g
두부 1모
다진 마늘 1t
다진 대파 2T
올리브유 2T
간장 1T
비정제원당 1/2T
전분가루 1/2컵
후추 1/2t

조림 양념
다진 마늘 1t
간장 2T
맛술 2T
물 4T
비정제원당 1T
후추 1/2t

만드는 법

1. 두부를 2cm 두께로 자른 뒤 소금, 후추로 밑간한다.

2. 소고기에 다진 마늘, 다진 대파, 간장, 비정제원당, 후추를 모두 넣고 잘 섞어 속을 만든다.

3. 조림 양념 재료를 한데 모두 섞어 준비한다.

4. 두부는 물기를 제거한 뒤 한쪽 면에 전분가루를 묻힌다.

5. 전분가루가 묻은 쪽이 안쪽으로 가도록 두부, 속 재료, 두부 순으로 포갠다.

6. 예열한 팬에 올리브유를 두르고 두부샌드를 앞뒤로 노릇하게 익혀 준다.

7. 두부샌드에 조림 양념을 넣고 졸인다.

 Tip

조림 양념 대신 달걀물을 입혀 구워주면 담백한 맛이 됩니다.

🍽 4주차 메뉴

아침	저녁
배추된장국
도루묵구이
달걀말이샌드위치
뿌리채소솥밥
누룽지
꽃게탕
데일리샐러드
버섯들깨탕
버섯크림수프 |
돼지고기배추찜 |

🧺 4주차 장보기

주재료	구매량
배추	500g
대파	3주에 구매
두부	2모
도루묵	10마리
달걀	10개
식빵	1봉지
우유	500ml
당근	3주에 구매
연근	400g
우엉	150g
꽃게	3마리
무	500g
애호박	1개
느타리버섯	400g
팽이버섯	150g
청상추	120g
토마토	3주에 구매
표고버섯	120g
만가닥버섯	300g
떡국용 떡	500g
생크림	200ml
대패삼겹살	600g
청양고추	100g

부재료
다진 마늘
된장
쌀뜨물
올리브유
굵은 소금
비정제원당 시럽
간장
맛술
마요네즈
홀그레인 머스터드
다진 대파
참기름
비정제원당
깨
다시마
소금
고추장
고춧가루
레몬즙
후추
발사믹식초
요거트
들깻가루
찹쌀가루
간 양파
식초

배추된장국

재료

배추 1/2통
대파 1/2대
두부 1/2모
다진 마늘 1T
된장 2T
쌀뜨물 5컵
고춧가루 1t (선택)

만드는 법

1. 배추를 1~2cm 크기로 자른다.

2. 대파를 어슷하게 썰고, 두부를 깍둑썬다.

3. 냄비에 쌀뜨물을 끓이다가 된장, 배추를 모두 넣고 끓인다.

4. 다진 마늘, 고춧가루, 두부를 모두 넣어 함께 끓인다.

5. 마지막에 대파를 넣고 한소끔 더 끓인다.

6. 부족한 간은 소금으로 맞춘다.

도루묵구이 저녁

 재료

도루묵 10마리
올리브유 2T
굵은 소금 1t

만드는 법

1. 도루묵을 흐르는 물에 깨끗이 씻어 지느러미, 꼬리를 가위로 자르고 물기를 잘 닦는다.

2. 예열한 팬에 올리브유를 둘러 도루묵을 올리고 굵은 소금을 뿌린다.

3. 한쪽 면이 노릇하게 익으면 뒤집어준다.

4. 뒤집어준 도루묵에 굵은 소금을 살짝 뿌려 굽는다.

Tip

• 도루묵 알은 노랗게 다 익으면 질겨지기 때문에 오래 익히지 않아요.
• 도루묵은 생선살이 잘 부서지기 때문에 자주 뒤집으면 안 돼요!

재료

달걀 6개
식빵 4장
올리브유 1T
우유 4T
비정제원당 시럽 2T
간장 2T
맛술 2T

스프레드
마요네즈 4T
홀그레인 머스터드 2T

만드는 법

1. 달걀을 깨트려 우유, 비정제원당 시럽, 간장, 맛술을 모두 넣고 잘 풀어준 뒤 체에 거른다.

2. 스프레드 재료를 한데 모두 넣고 섞는다.

3. 예열한 팬에 올리브유를 두르고 약불에서 달걀말이를 만든다.

4. 식빵 한쪽에 스프레드를 바르고 달걀말이를 크기에 맞게 잘라 올린 뒤 다른 식빵으로 덮어준다.

5. 먹기 좋게 식빵 테두리를 자르고 달걀말이샌드위치를 2등분한다.

저녁 뿌리채소솥밥

재료

당근 1/2개
연근 1/2대
우엉 1대
불린 쌀 1.5컵
물 1.5컵

양념장
다진 대파 2T
참기름 1T
간장 1T
비정제원당 1t
통깨 1T

💬 Tip

자투리 채소는 무엇이든 활용
가능해요. 다만 수분이 많은
채소를 넣을 때는 물 양을 줄
이세요!

🍳 만드는 법

1. 쌀을 정수물에 깨끗이 씻은 뒤 30분간 불린다. (여름 30분, 겨울 1시간)

2. 당근, 연근, 우엉을 씻어 껍질을 벗기고 한입 크기로 굵게 썬다.

3. 손질한 채소와 쌀을 솥에 넣고 골고루 섞은 뒤 물을 붓는다.

4. 솥밥이 끓기 시작하면 중불로 줄여 15분을 끓인 뒤 불을 끄고 5분간 뜸 들인다.

누룽지

 재료

찬밥 2공기 (200g)
물 5컵

만드는 법

1. 팬에 찬밥과 물 4T을 넣고 밥을 얇게 펴준다.

2. 중불에서 밥을 굽다가 타닥타닥 소리가 나면 약불로 줄여 굽는다.

3. 뒤집어서 반대쪽도 노릇하게 굽는다.

4. 냄비에 만든 누룽지(또는 시판 누룽지)와 물 4컵을 넣고 센 불에서 끓인다.

5. 물이 팔팔 끓으면 중약불로 줄여 쌀알이 퍼질 때까지 끓인다.

Tip

찬밥 대신 따뜻한 밥을 쓸 때는 밥이 잘 퍼지므로 물을 넣지 않아요.

꽃게탕

 재료

꽃게 3마리
무 1/4토막
애호박 1/2개
대파 1/2대
느타리버섯 100g
팽이버섯 75g
다시마 1장
쌀뜨물 6컵
소금 1/2t

국물 양념

다진 마늘 1T
고추장 1T
된장 2T
고춧가루 1T

만드는 법

1. 꽃게를 흐르는 물에 솔로 깨끗하게 씻은 뒤 등딱지를 떼고 아가미를 가위로 자른다.

2. 꽃게 다리 2~3개 기준으로 꽃게를 먹기 좋게 잘라준다.

3. 무, 애호박을 두껍게 썰고, 대파를 어슷하게 썬다.

4. 느타리버섯, 팽이버섯은 모두 밑동을 자르고 먹기 좋게 찢어준다.

5. 냄비에 쌀뜨물, 다시마, 손질한 무를 모두 넣고 끓인다.

6. 물이 끓으면 다시마를 건져내고 꽃게와 국물 양념 재료를 모두 넣고 끓인다.

7. 꽃게가 익으면 애호박, 느타리버섯을 넣고 마지막에 팽이버섯, 대파를 넣어 한소끔 끓인다.

8. 부족한 간은 소금으로 맞춘다.

재료

청상추 8장
당근 1개
토마토 2개
달걀 2개
두부 1/2모
팽이버섯 75g

기본 드레싱
올리브유 3T
비정제원당 시럽 1T
레몬즙 3T
소금 1/2t
후추 1/2t

발사믹 드레싱
발사믹식초 3T
올리브유 2T
소금 1/2t
후추 1/2t

요거트 드레싱
요거트 3T
비정제원당 시럽 1T
레몬즙 1T
소금 1/2t
후추 1/2t

만드는 법

1. 청상추는 씻어서 물기를 제거한 뒤 적당한 크기로 찢어준다.

2. 당근과 토마토를 적당한 크기로 자른다.

3. 두부의 물기를 제거한 후 깍둑썬다.

4. 버섯을 아무것도 두르지 않은 팬에 살짝 굽는다.

5. 달걀은 삶아서 준비한다.

6. 준비한 재료를 모두 접시에 담아 드레싱과 함께 먹는다.

 Tip

집에 있는 채소와 과일을 이용해 다양한 데일리샐러드를 만들 수 있어요. 드레싱부터 만들면 재료를 손질하는 동안 드레싱 재료들이 잘 어우러진답니다.

🍳저녁 버섯들깨탕

 재료

표고버섯 60g
느타리버섯 100g
만가닥버섯 100g
떡국용 떡 100g
대파 1/2대
간장 1T
쌀뜨물 5컵
들깻가루 3/4컵
찹쌀가루 1T
소금 1t

🍲 **만드는 법**

1. 버섯들을 모두 적당한 크기로 썰거나 찢어준다.

2. 떡을 찬물에 담갔다가 물기를 빼준다.

3. 대파를 4cm 정도 길이로 잘라 길게 4등분한다.

4. 냄비에 쌀뜨물을 넣고 끓으면 버섯과 떡을 모두 넣는다.

5. 떡이 익으면 간장, 들깻가루, 소금을 넣고 간을 맞춰 한소끔 더 끓여 준다.

6. 그릇에 찹쌀가루를 담고 국물을 약간 넣고 섞은 뒤 그것을 냄비에 부어 농도를 맞춘다.

7. 잘라둔 대파를 넣어 마무리한다.

버섯크림수프

 재료

표고버섯 60g
느타리버섯 100g
만가닥버섯 150g
생크림 1컵
우유 2컵
올리브유 1T
소금 1/2t
후추 1/2t

만드는 법

1. 버섯들을 모두 도톰한 크기로 썰어준다.

2. 냄비에 올리브유를 두르고 손질한 버섯을 볶는다.

3. 볶은 버섯, 생크림, 우유를 블렌더로 갈아준다.

4. 중약불에서 저어가며 수프를 끓인다.

5. 소금, 후추로 간을 맞추고 원하는 농도를 만든다.

돼지고기배추찜

 재료

대패삼겹살 600g
배추 1/2통
소금 1t
후추 1t

양념장
청양고추 5~6개
간 양파 1/2컵
간장 3T
식초 3T
비정제원당 3T

만드는 법

1. 대패 삼겹살을 먹기 좋은 길이로 자른다.

2. 배추를 1장씩 깨끗이 씻은 뒤 손질한 삼겹살과 같은 길이로 자른다.

3. 냄비에 배추, 고기를 넣고 소금, 후추를 넣어 밑간한다.

4. 다시 배추, 고기를 넣고 소금, 후추 순으로 냄비에 쌓는다.

5. 김이 오른 찜기에 15~20분간 찐다.

6. 양념장 재료를 한데 모두 넣고 섞어 돼지고기배추찜에 곁들인다.

 Tip

고기는 대패삼겹살, 불고기용, 샤브샤브용 등 얇은 고기라면 다 가능합니다. 배추는 두꺼우면 익는 시간이 더 걸려요. 만약 돼지고기 냄새에 예민하다면 물에 청주나 맛술을 넣어 같이 끓여주세요!

찾아보기

그대로 따라 하면 식비가 줄어드는
기적의 집밥책

1판 1쇄 발행 2023년 3월 30일
1판 9쇄 발행 2024년 11월 20일

지은이 김해진
펴낸이 고병욱

펴낸곳 청림출판(주)
등록 제2023-000081호

본사 04799 서울시 성동구 아차산로17길 49 1010호 청림출판(주)
제2사옥 10881 경기도 파주시 회동길 173 청림아트스페이스(문발동 518-6)
전화 02-546-4341 **팩스** 02-546-8053

홈페이지 www.chungrim.com   **이메일** life@chungrim.com
인스타그램 @ch_daily_mom   **블로그** blog.naver.com/chungrimlife
페이스북 www.facebook.com/chungrimlife

ⓒ 김해진, 2023

ISBN 979-11-981614-1-3 13590

1개월

		월	화	수	목	금
1주	아침	통밀프렌치토스트	시금치프리타타	수제 요거트와 제철 과일	치킨토르티야롤	꼬마채소김밥
	저녁	소고기뭇국	소고기채소비빔밥	고등어카레구이	만두전골	콩나물국
2주	아침	시금치팬케이크	당근김밥	멸치주먹밥	당근머핀	구운 주먹밥
	저녁	가지솥밥	고구마닭볶음탕	양배추오일파스타	가지데리야끼덮밥	연어솥밥
3주	아침	양배추토스트	돼지고기두부덮밥	치킨마요덮밥	방울토마토샐러드	채소죽
	저녁	삼치간장조림	로스트치킨	무버섯밥	샤브샤브	아란치니
4주	아침	그릭요거트와 그래놀라	토마토달걀볶음	불고기주먹밥	치킨샌드위치	구운 바나나와 프렌치토스트
	저녁	간장불고기	연어스테이크덮밥	양배추덮밥	두부동그랑땡	치킨데리야끼와 양배추구이

2개월

		월	화	수	목	금
1주	아침	에그샌드위치	나물주먹밥	돈가스샌드위치	오이달걀김밥	사과오픈토스트
	저녁	수제돈가스	비지찌개	양파카레	냉이된장찌개	돼지갈비찜
2주	아침	감자콩나물밥	감자샌드위치	브로콜리감자수프	플레인스콘	닭죽
	저녁	간장찜닭	들깨미역국	콩나물불고기	닭곰탕	찹스테이크
3주	아침	달걀채소말이밥	떠먹는 샐러드와 요거트 드레싱	당근라페샌드위치	문어미나리죽	닭가슴살 클럽샌드위치
	저녁	새우튀김	돼지고기수육	문어채소밥	치킨스테이크	깍두기볶음밥
4주	아침	미나리밥전	현미가래떡구이	사골떡국	달걀볶음밥	통밀스콘
	저녁	시금치된장국	시금치크림리조또	돼지갈비	바지락미역국	치킨안심가스

3개월

		월	화	수	목	금
1주	아침	검은콩수프	케일쌈밥	시금치달걀주먹밥	검은콩스프레드와 식빵	시금치덮밥
	저녁	두부덮밥	함박스테이크	돼지고기김치찜	시금치카레	두부스테이크
2주	아침	부추달걀볶음	고구마수프	구운채소샐러드	두부호박볶음밥	불고기샌드위치
	저녁	오리고기볶음	누룽지백숙	호박볶음	가지불고기	호박부침개
3주	아침	토마토주스	양배추샐러드김밥	감자치즈떡	달걀피자	황태달걀죽
	저녁	닭갈비	감자전	닭안심토마토치즈 리조또	황태국	소고기토마토카레
4주	아침	오이사과샐러드	오이지주먹밥	잡채밥전	달걀장샌드위치	대패삼겹말이밥
	저녁	가자미버터구이	잡채밥	달걀장	양배추쌈과 두부된장	바질페스토파스타

4개월

		월	화	수	목	금
1주	아침	새우볶음밥	단호박버무리	토마토두부달걀볶음	두부수프	팽이버섯된장국
	저녁	팽이버섯전	감바스알아히요	단호박크림리조또	오징어간장볶음	버섯비빔밥
2주	아침	오믈렛	단호박수프	오버나이트오트밀	순두부달걀찜	들깨뭇국
	저녁	스테이크덮밥	바지락순두부맑은국	고등어무조림	무생채비빔밥	묵은지들기름파스타
3주	아침	고구마샐러드	케일게살볶음밥	토마토밥브리또	크래미파인애플 샌드위치	떠먹는 고구마피자
	저녁	닭안심채소볶음	차돌박이숙채주찜	취나물솥밥	봉골레파스타	소고기두부샌드
4주	아침	배추된장국	달걀말이샌드위치	누룽지	데일리샐러드	버섯크림수프
	저녁	도루묵구이	뿌리채소솥밥	꽃게탕	버섯들깨탕	돼지고기배추찜